iPhone

12 Pro/12 Pro Max/12/12 mini

便利すぎる! テクニック

紛失したiPhoneの場所を地図に表示して発見する

使わないと損するGoogleマップのお役立ち機能

LINEの既読回避や送信取り消しでストレスを撃退

どんどん賢くなるSiriの絶対試したくなる活用法

Apple Payと電子マネーを今こそ使い始めよう

危険なパスワードを自動でチェックする警告機能

カメラの高い性能を発揮させる多彩な撮影技

アプリやホーム画面を快適に整理整頓する

アプリ使用中も動画やビデオ通話を同時に表示

進化したウィジェットをホーム画面に配置する

JN056338

standards

CONTENTS

SECTION 5 仕事効率化

SECTION 6 設定とカスタマイズ

生活お役立ち技

トラブル解決とメンテナンス

最新iPhoneが
もっと便利に
もっと快適になる
技あり操作と
正しい設定
ベストなアプリ
が満載！

iOS14
の新機能も
まとめてわかる

本書の見方・使い方 >>>>

「マスト!」マーク
243のテクニックの中でも多くのユーザーにとって有用な、特にオススメのものをピックアップ。まずは、このマークが付いたテクニックから試してみよう。

「iOS 14」マーク
iOS 14で追加・変更された機能や操作法、また、iOS 14に関わる新たなテクニックにはこのマークを表示。iPhone 12 Pro／12 Pro Max／12／12 miniではじめて搭載された機能にも、便宜的にこのマークを表示している。

 App

Gmail
作者／Google, Inc.
価格／無料

QRコード
QRコードをカメラで読み取れば、App Storeの該当アプリのインストールページへ簡単にアクセスできる。特別な操作も必要なく、カメラをQRコードに向けるだけでOKだ。

Q R コ ー ド の 利 用 方 法

1

カメラを起動し「写真」モードにする。カメラをQRコードへ向けると即座にスキャンされる。

2

スキャン後、画面上部に表示される「App Storeで表示」のバナーをタップしよう。

3

App Storeで該当アプリのページが表示されるので、「入手」か価格表示をタップしてインストールする。

掲載アプリINDEX
巻末のP111にはアプリ名から記事を検索できる「アプリINDEX」を掲載。
気になるあのアプリの使い方を知りたい……といった場合に参照しよう。

 >>

CAUTION ◉本書掲載の情報は2020年10月現在のものであり、各種機能や操作方法、価格や仕様、WebサイトのURLなどは変更される可能性があります。本書の内容はそれぞれ検証した上で掲載していますが、すべての機種、環境での動作を保証するものではありません。以上の内容をあらかじめご了承の上、すべて自己責任でご利用ください。

1

新機能と
基本の
便利技

新型iPhoneやiOS 14の隠れた便利機能を
総まとめ。さらに、iPhoneを買ったら最初に
必ずチェックしたい設定ポイント、頻繁に
使う快適操作法など、すべてのユーザーに
おすすめの基本テクニックが満載。

001

ウィジェット | 劇的に進化したウィジェットの新しい使い方を覚えよう

ホーム画面にもウィジェットを配置できる

ウィジェットは、アプリの最新情報を表示したり、アプリに備わる特定の機能を素早く呼び出せるパネル上のツールだ。これまでは、ウィジェット表示画面でのみ利用できたが、iOS 14では、ホーム画面上にも自由に配置可能になった。また、サイズも複数用意されており、同サイズのウィジェットをフォルダにまとめるように重ねられる「スマートスタック」機能も新たに搭載。スマートスタックには10個までのウィジェットを追加可能で、スタック内を上下にスワイプして表示ウィジェットを切り替える。さらに、「スマートローテーション」機能により、時刻や使用状況に応じてベストなウィジェットを表示してくれるのもポイントだ。

POINT

旧仕様のウィジェットは「カスタマイズ」から追加しよう

iOS 14に対応していない旧仕様のウィジェットは、ウィジェット画面の「カスタマイズ」から追加が可能だ。ただし、これらの旧ウィジェットはウィジェット画面の最下部にまとまって表示されるため、自由に移動することができず、ホーム画面にも配置できない。

ホーム画面の最初のページを右にスワイプしてウィジェット画面を表示。最下部の「編集」→「カスタマイズ」で旧仕様のウィジェットを追加できる

> 新しいウィジェットをホーム画面に追加してみよう

1 ウィジェットを追加する

追加したいウィジェットを探してタップする

ウィジェットを追加するには、まずホーム画面の何もないところロングタップして編集モードに切り替えよう。画面左上の「＋」をタップし、追加したいウィジェットをタップする。

2 ウィジェットのサイズを選択する

サイズだけではなく表示機能を選べる場合もある

ウィジェットによっては、複数のサイズが用意されていることがある。左右スワイプで配置したいサイズを選んで、「ウィジェットを追加」をタップしよう。

3 ウィジェットを配置する

ホーム画面にウィジェットが配置されるので、ドラッグして位置を調整しよう。ホーム画面を見るだけで、カレンダーや天気を確認できるようになり、利便性が劇的に向上した。なお、アプリの移動操作と同じように、ホーム画面の左右端にドラッグすれば、前後のページに移動させることができる

> ウィジェットの新しい機能を使いこなそう

1 スマートスタック機能を使う

ホーム画面の何もないところをロングタップして編集モードにしたら、ウィジェット同士をドラッグで重ねよう。スタックしたウィジェットは、上下スワイプで表示を切り替えられる

スマートスタックは、フォルダのように同じサイズのウィジェット同士をまとめられる機能だ。ウィジェットの編集モードでウィジェット同士を重ねればスタック化される。

2 スマートスタックを編集する

タップ

スタック内の並び順やスマートローテーションのオン／オフを切り替えられる

スタックをロングタップ→「スタックを編集」で、スタック内の並び順を変更可能だ。「スマートローテーション」が有効であれば、状況に応じて関連性の高いウィジェットが自動表示される。

3 ウィジェットの機能を設定する

タップ

時計アプリなら都市の指定、天気アプリなら場所の指定などを行っておこう

ウィジェットによっては、配置後に設定が必要なものがある。ウィジェットの設定画面を表示したい場合は、ウィジェットをロングタップして「ウィジェットを編集」をタップすればいい。

すべてのアプリは Appライブラリで管理する

アプリの管理方法が Appライブラリで 大きく変わる

今までの iOS では、ホーム画面のみでアプリを管理する仕様だったため、アプリ数が増えると管理がしづらくなっていた。そこで iOS 14 では、「App ライブラリ」という新しいアプリ管理機能が追加されている。本機能は、インストールされているすべてのアプリがひとつの画面で自動的にカテゴリ分けされて表示されるのが特徴。ユーザーの使用状況に応じて、よく使うアプリなどが大きく表示されるようになっている。検索機能で目的のアプリをすぐ探すことも可能だ。また、本機能の実装に伴い、ホーム画面で特定のアプリアイコンを非表示にして、アプリ本体は App ライブラリに残すといった管理ができるようになった。ここで各種操作を覚えておこう。

> Appライブラリの基本的な使い方

1 Appライブラリを表示する

タップしてアプリを起動できる。また、小さく表示されたアプリをタップすると、そのカテゴリの全アプリを一覧表示できる

ホーム画面を左にスワイプして、一番右のページまでスクロールすると、App ライブラリが表示される。ここでは、アプリが自動的にカテゴリごとに整理される仕組みだ。

2 カテゴリ内のアプリを確認する

最近追加した項目

小さいアイコンをタップすると、カテゴリ内のアプリを確認できる。なお、App ライブラリ内でアプリの並べ替えはできない

App ライブラリで小さく表示されたアイコンをタップすると、そのカテゴリに整理されている全アプリがチェックできる。目的のアプリが見当たらない場合はここから探してみよう。

3 アプリを検索できる

検索欄をタップしてキーワード検索でアプリを探せる

App ライブラリ上部の検索欄をタップすると、キーワード検索で目的のアプリを探し出せる。単にアプリ名だけでなく、「写真」や「ギター」といったアプリの機能などでも検索可能だ。

> アプリを管理するために覚えておきたい新機能

1 ホーム画面のアプリを非表示にする

"Toon Blast"をAppライブラリに移動しますか、それとも削除しますか？
Appを移動するとホーム画面から取り除かれますが、データはすべて保持されます。

Appを削除
Appライブラリへ移動
キャンセル

ホーム画面の何もない場所をロングタップして編集モードにしたら、非表示にしたいアプリの「ー」ボタンをタップ。「App ライブラリに移動」を選べば、ホーム画面で非表示になる

あまり使わないアプリは、ホーム画面でアイコンを非表示にして、App ライブラリのみで表示することが可能だ。非表示にするだけなので、もちろんアプリ本体やデータは削除されない。

2 Appライブラリからホーム画面に追加する

ロングタップ

ホーム画面に追加
Appを共有
Appを削除

「ホーム画面に追加」でアイコンがホーム画面にも表示されるようになる

ホーム画面で非表示になっているアプリをホーム画面に表示したいときは、App ライブラリで該当のアプリアイコンをロングタップ。「ホーム画面に追加」を選べばいい。

3 新規アプリの追加先を設定しておく

5:21
< 設定　　　ホーム画面

新規ダウンロードAPP

ホーム画面に追加　✓
Appライブラリのみ

追加バッジ

Appライブラリに表示

「設定」→「ホーム画面」で新規アプリの追加先を選ぶことが可能だ。「ホーム画面に追加」を選べば、最初からホーム画面上にもアプリが表示される

App Store から新規アプリをダウンロードした場合、アイコンをホーム画面に追加するか、App ライブラリのみに追加するかを選択することができるようになっている。

POINT

すべてのアプリは Appライブラリで 表示される

従来は、ホーム画面にすべてのアプリが表示されていたが、iOS 14 のホーム画面では特定のアプリだけ表示が可能になっている。インストールされているすべてのアプリは App ライブラリで表示されるようになったのだ。なお、アプリを端末から削除する場合は、ホーム画面か App ライブラリのアイコンをロングタップして「App を削除」を選択しよう。

Appを共有
Appを削除

アイコンをロングタップして「App を削除」を選択すると、アプリが端末から削除（アンインストール）される

新機能と基本の便利技

003

文字入力

コンパクトになった着信画面で電話やFaceTimeに応答する

バナー表示で各種着信をお知らせしてくれる

従来、電話やFaceTime、LINEなどの着信時には、画面全体で着信画面が表示されていた。iOS 14では、ロック解除された状態の着信のみ、コンパクトなバナー表示で通知されるように変更されている。これならアプリ操作中に着信があっても邪魔にならない。着信通知内のボタンで応答もしくは拒否の操作もすぐに可能だ。また、着信通知自体をタップすれば、従来の全画面表示に切り替えることもできる。なお、「設定」→「電話」または「FaceTime」→「着信」で通知のスタイルをバナーとフルスクリーン（従来の全画面表示での着信画面）で切り替えられるので設定しておこう。

1 着信通知がバナー表示される

電話やFaceTimeなどの各種着信時は、バナー表示で通知表示されるようになった。通知内の緑のボタンで応答することが可能だ。

2 全画面表示に切り替える

通知自体をタップすると従来の全画面表示に切り替わる。「あとで通知」や「メッセージを送信」を実行したい場合はここから操作しよう。

3 着信通知を全画面に変更する

「設定」→「電話」または「FaceTime」→「着信」で、着信のスタイルを変更できる。バナーかフルスクリーンのどちらか好きな方を選ぼう

004

ピクチャ・イン・ピクチャ

動画やビデオ通話の画面を小さく表示したまま別のアプリを使う

動画を再生しつつ別の作業をする際に便利だ

動画を小さな画面で再生しながら、他のアプリなどを操作できる「ピクチャ・イン・ピクチャ機能。従来はiPadでのみ利用できた機能だが、iOS 14からはiPhoneでも利用できるようになった。対応アプリは、Apple TVやFaceTime、ミュージック、ファイルアプリなどの標準アプリ。他社製の動画再生系アプリでもピクチャ・イン・ピクチャ機能に対応している場合は利用が可能。ただし、YouTubeなど一部アプリは未対応だ（iPadの場合、SafariでYouTubeを再生するとピクチャ・イン・ピクチャ表示が行えるが、iPhoneでは現状できないようだ）。

1 ピクチャ・イン・ピクチャに切り替える

タップ

動画を全画面で再生したら、ピクチャ・イン・ピクチャのボタンをタップしよう。なお、アプリによっては対応していないものもある。

2 小さい画面で動画が再生される

小さい画面で動画が再生される。動画を見ながらその内容をツイートしたり、FaceTimeでビデオ通話しながらLINEでメッセージを送るなど、さまざまな利用法が考えられる。なお、再生画面をダブルタップするとサイズが変更できる

小さな画面が表示され、引き続き動画が再生される。ピクチャ・イン・ピクチャ表示中は、ホーム画面に戻ったり、他のアプリを操作したりが可能だ。

3 動画を一時的に隠すことも可能

画面端にスワイプ

再生画面が邪魔なときなど、一時的に画面端に隠すことができる。タップで再表示も可能だ

ピクチャ・イン・ピクチャの画面はドラッグで位置を調整できる。また、画面端にスワイプすると、再生したまま一時的に表示を隠すことが可能。

005 ホーム画面のページを非表示にする

ホーム画面

従来のiOSでは、ホーム画面にすべてのアプリアイコンが表示される仕様だった。この場合、インストールしたアプリ数が増えるとページ数も増え、目的のアプリが探しにくくなってしまうのが問題だ。しかし、iOS 14からはホーム画面の特定のページを一時的に非表示にすることが可能になっている。あまり使わないアプリは特定のページに集め、普段は非表示にしてホーム画面をすっきりとさせておくといい。使いたいときはすぐにページを再表示できる。

まずはホーム画面の何もない場所をロングタップし、編集モードに切り替える。画面下にあるページ切り替え部分をタップしよう

「ページを編集」画面でホーム画面の全ページが一覧表示される。非表示にしたいページがあれば、チェックマークを外しておこう。再表示する場合はチェックマークを再度有効にすればいい

006 デフォルトのWebブラウザとメールアプリを変更

デフォルトアプリ

iOS 14では、デフォルトのWebブラウザやメールアプリを、他社製のアプリに変更できるようになった。これにより、ChromeやGmailをデフォルトのWebブラウザやメールアプリとして設定することが可能だ。デフォルトに設定したアプリは、他のアプリでURLやメールアドレスをタップしたときに起動するようになる。iOS標準のSafariやメールアプリをあまり使っておらず、他のアプリを活用している人は、以下の手順で設定しておこう。

「設定」画面を表示したら、画面の一番下にあるアプリ一覧からデフォルトに設定したいWebブラウザやメールアプリ名をタップ。続けて「デフォルトのブラウザ（メール）App」をタップしよう

デフォルトにしたいアプリをタップしてチェックマークを付けよう。ここでは、デフォルトのWebブラウザをSafariからChromeに変更した。これにより、URLをタップすると、Chromeが起動するようになる

007 背面をトントンッとタップして指定した機能を動作させる

背面タップ

背面タップでよく使う操作を実行できる

背面タップ機能を有効にすると、本体の背面を2回もしくは3回タップすることで、特定の機能や操作を実行させることが可能だ。背面タップ機能を使いたい場合は、あらかじめ「設定」→「アクセシビリティ」→「背面タップ」で、呼び出したい機能を割り当てておこう。スクリーンショットを撮影、ホーム画面に戻る、Siriを起動するといった基本的な操作のほか、ショートカット（No015で解説）で設定した操作も割り当てることができる。ダブルタップとトリプルタップで、それぞれ別の機能を実行させることも可能だ。自分の好みに応じてカスタマイズしておくといい。

1 背面タップ機能を設定する

まずは「設定」→「アクセシビリティ」→「背面タップ」をタップ。「ダブルタップ」と「トリプルタップ」のうち、機能を割り当てたい方をタップしよう。

2 実行する機能を選択する

背面タップで実行したい機能を選択する。SiriやSpotlightの起動、コントロールセンターの表示など、さまざまな機能が用意されている。

3 ショートカットを実行することもできる

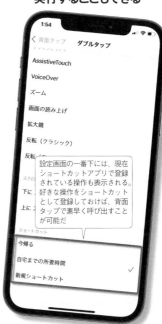

設定画面の一番下には、現在ショートカットアプリで登録されている操作も表示される。好きな操作をショートカットとして登録しておけば、背面タップで素早く呼び出すことが可能だ

008

画面収録 | **画面の録画と同時に音声も録音しよう**

ゲーム実況や解説動画の作成に使える

iOS には、画面収録機能が用意されており、各種アプリやゲームなどの映像と音を動画として記録することが可能だ。また、コントロールセンターで「画面収録」ボタンをロングタップすると、マイクのオン／オフを切り替えることができる。マイクをオンにした場合、画面収録中に自分の声などをマイクで同時に録音することが可能。マイクの音はアプリ側の音とミックスされるので、ゲーム実況やアプリの解説動画を作るのにも使える。なお、アプリの音が録音されない場合は、サイレントモードを解除し、目的のアプリを起動して音が鳴っている状態にしてから画面収録しよう。

1 コントロールセンターを設定する

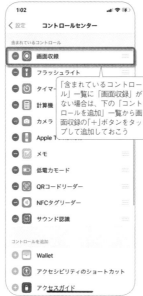

含まれているコントロール一覧に「画面収録」がない場合は、下の「コントロールを追加」一覧から画面収録の「＋」ボタンをタップして追加しておこう

まずは「設定」→「コントロールセンター」を表示。画面下の「含まれているコントロール」に「画面収録」を追加しておこう。

2 画面収録時にマイクで録音する

コントロールセンターで画面収録ボタンをロングタップ

マイクをオンにすると、同時に音声も録音できる

コントロールセンターの画面収録ボタンをロングタップして、「マイク」をオンにすると、画面収録時に iPhone のマイクで音声も録音できる。

3 画面収録の開始と停止

コントロールセンターの画面収録ボタンを押せば収録開始。収録時は画面左上に赤いマークが表示される。ここをタップして「停止」をタップすれば、録画を停止できる。初期設定のままであれば、録画した動画は写真アプリで確認することが可能だ

009

接触確認アプリ | **新型コロナ対策の接触確認アプリを導入しよう**

「COCOA」は、新型コロナウイルス陽性登録した人との接触を確認できるアプリ。本アプリを端末に導入した人同士の接触（1m以内、15分以上）を記録し、最近接触した人の中に陽性登録した人がいると通知される。

App

COCOA
作者／Ministry of Health, Labour and Welfare - Japan
価格／無料

本アプリを導入したら表示される説明を読んで設定を進めよう。なお、Bluetooth はオンにしておく必要がある

アプリのホーム画面にある「陽性者との接触を確認する」をタップすれば、過去2週間、陽性者との接触があったかうかが表示される

010

画面操作 | **アプリを素早く切り替える方法を覚えておこう**

ホームボタンがない iPhone では、画面最下部を右へスワイプすると1つ前に使ったアプリを素早く表示することができる。その後、すぐに左へスワイプすると、元のアプリやホーム画面へ戻ることが可能だ。少し前に使ったアプリに切り替えるなら、この方法が早いので覚えておこう。もっと前に使ったアプリに切り替えたければ、画面最下部から中央までスワイプし、画面から指を離さずにいれば、App スイッチャーが表示され選択できる。

ホーム画面やアプリ利用中に、画面の下端を右へスワイプ

1つ前に使ったアプリに切り替わる。さらに右へスワイプすれば、過去に使ったアプリを順次表示可能だ

011

画面表示 | 夜間は目に優しいダークモードに自動切り替え

ホーム画面やアプリの画面をダークな装いに

iOSでは「ダークモード」と呼ばれる、画面を暗めの配色に切り替える機能が搭載されている。ダークモードに切り替えると、ホーム画面やアプリのインターフェイスなどがすべて黒を基調とした配色に変更されるのだ。これにより、暗い場所で画面を見ても目が疲れにくくなり、従来の配色（ライトモード）よりもバッテリー消費が抑えられるといった効果を得られる。また、昼間は従来のライトモードを使い、夜間はダークモードに自動で切り替える、といった機能もある。「設定」→「画面表示と明るさ」で「自動」をオンにしておけば、この機能を利用可能だ。

1 外観モードを自動で切り替える

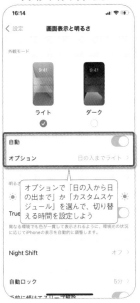

オプションで「日の入から日の出まで」か「カスタムスケジュール」を選んで、切り替える時間を設定しよう

自動でダークモードに切り替えたい場合は、「設定」→「画面表示と明るさ」→「自動」をオンにしたら、「オプション」をタップ。切り替える時間を設定しておこう。

2 ダークモードに切り替わる

指定した時間に外観モードが切り替わる

これで設定した時間でダークモードとライトモードが切り替わるようになる。手動で切り替えたい場合は、右で紹介しているコントロールセンターから切り替える方法を試してみよう。

POINT

コントロールセンターから切り替える方法

「ダークモード」をコントロールセンターに追加しておく

「設定」→「コントロールセンター」にある「含まれているコントロール」一覧に「ダークモード」を追加しておくと、コントロールセンターからダークモードの切り替えが行えるようになる。手動ですぐ切り替えられるようにしたい場合は設定しておこう。

新機能と基本の便利技

012

Face ID | Face IDの認識失敗をできるだけなくす

iPhone X以降に搭載された顔認証機能「Face ID」は、本人が寝ている際などに悪用されないよう、カメラを注視しないと認証されない設定になっている。ただ、店頭でApple Payによる支払いを行いたい時などは、注視による認証がわずらわしいことも。そこで、注視が不要になるように設定を変更してみよう。認証の処理が断然スムーズになる。ただし、Face ID認証のセキュリティは下がってしまうので、よく検討してから設定すること。

「設定」→「アクセシビリティ」→「Face IDと注視」で「Face IDを使用するには注視が必要」をオフにする

カメラをじっと見つめることなくスムーズに認証されるようになる

013

Face ID | Face IDにもう1つの容姿を設定する

Face IDは、「もう一つの容姿をセットアップ」することで、顔認証の認識精度を向上させることができる。メイクや変装などで大きく顔が変わる場合は、その顔も登録しておくと認証しやすくなるのだ。また、「もう一つの容姿をセットアップ」に家族などの顔を追加しておけば、複数人で使うことも可能だ。なお、Face IDは継続的に容姿や外観の変化を学習していくので、髪型や髭、眼鏡などの変化は何もしなくても認証できるようになっている。

あらかじめFace IDで1つ目の顔を登録した状態で、「設定」→「Face IDとパスコード」→「もう一つの容姿をセットアップ」をタップする

「開始」をタップし、画面の指示に従って2つ目の顔を登録しよう。メイクや変装の有無で2つ目の顔を登録しておけば、認識精度が上がる。または、自分以外の顔を登録することもできる

014 フォント │ iPhoneで使える書体を 追加インストールする

手持ちのフォントを 強制的に インストールする

iOS では、他社製のフォントをインストールすることが可能だ。ただし、App Store の各種フォントアプリからフォントを導入する形式なので、手持ちのフォントファイルを自由に入れることはできない。そこで試したいのが、「RightFont」というアプリ。これで主要なフォント形式のファイルを強制的にインストールできる。

App

RightFont
作者／LIYI CHENG
価格／370円

1 フォントを読み込んで インストールする

> アプリ上にフォントファイルを読み込んだら、フォントのインストール作業を行う

まずはフォントを iCloud Drive などにアップロードしておこう。RightFont を起動したら、「フォント」画面の「+」からフォントを読み込み、各フォントのインストールボタンをタップする。

2 プロファイルを インストールする

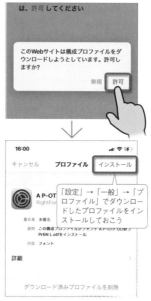

> 「設定」→「一般」→「プロファイル」でダウンロードしたプロファイルをインストールしておこう

フォントごとにプロファイルの導入が必要になる。「許可」をタップしてプロファイルをダウンロードしたら、「設定」→「一般」→「プロファイル」でインストールを行おう。

POINT

フリーフォントを 集めたアプリもある

> App Store で「Font」などと検索すれば、フォントアプリを見つけることができる

App Store では、フリーフォントを集めたフォントアプリもいくつか公開されている。フォントをいろいろ試したい人は導入してみよう。なお、今後主要なフォントメーカーが対応すれば、プロのデザイナーが使うような有名なフォントも iPhone で使えるようになるかもしれない。

---

015 ショートカット │ よく行う操作を素早く呼び出せる 「ショートカット」アプリ

アプリの面倒な 操作をまとめて すばやく実行

iOS には「ショートカット」というアプリが標準搭載されている。このショートカットアプリは、よく使うアプリの操作や iPhone の機能など、複数の処理を連続して自動実行させるためのアプリだ。実行させたい処理をショートカットとして登録しておけば、ショートカットボタンをタップするか Siri に一言伝える（No016 参照）だけで、自動実行できるようになる。たとえば、ギャラリーにある「自宅までの所要時間」を登録すると、ワンタップで現在地から自宅までの移動時間を計算し、特定の相手に「18:30 に帰宅します！」といったメッセージを送ることが可能だ。

1 ギャラリーから ショートカットを追加

ショートカットアプリでは、自分でゼロからショートカットを作れるが、初心者には少し難しい。まずは「ギャラリー」から使いやすそうなショートカットを選んでみよう。

2 ショートカットの 設定を行う

次に「ショートカットを追加」をタップ。ギャラリーで選んだショートカットの場合、いくつかの設定項目が表示されるので、入力していこう。

3 ウィジェットを追加して 実行しよう

> ショートカットが登録できたら、ウィジェットとしてホーム画面に追加しておこう。ウィジェットから登録したショートカットを実行できるようになる

Siriの真価を発揮する便利な活用法

より賢く便利に なったSiriを 使いこなそう

サイド（スリープ）ボタンの長押しや、「Hey Siri」（No017で解説）の呼びかけで起動する、iOSの音声アシスタント機能「Siri」。「明日の天気は？」や「母親に電話をかけて」などと話しかけることで、情報の検索やアプリの操作などをユーザーの代わりに行ってくれる機能だ。また、「ショートカット」アプリで作成した自動処理（No015で解説）も実行することができるので、音声だけでさまざまな操作が行える。そのほかにも、日本語を英語に翻訳したり、タスクをリマインダーに登録したりなども可能だ。なお、iOS 14からは、Siri起動時の全画面表示が省略され、画面下にSiriのマークがシンプルに表示されるだけに変更されている。

▶ Siriショートカットを使ってみよう

1 Siriショートカットを設定する

Siriのショートカット機能を使うには、まずショートカットアプリで実行したい処理を登録しておこう。さらにショートカットボタンの「…」→「…」をタップする。

2 ショートカットの名前を呼びやすいものにする

ショートカットの名前を呼びやすいものに変更しておく

ショートカットの詳細が表示されるので、名前を呼びやすいものに変更しておく。Siriがすぐ認識してくれるように、短めの名前にしておくといい。

3 Siriを起動してショートカットを実行

ここでは帰宅時間をメッセージで特定の相手に送るショートカットを実行している。「送信する」をタップすれば、そのままメッセージを送信できる

サイド（スリープ）ボタンを長押し（ホームボタンのない端末の場合）してSiriを起動したら、ショートカット名を話しかけてみよう。すると、そのショートカットが実行される。

▶ そのほかのSiri活用ワザも覚えておこう

日本語を英語に翻訳

翻訳したい言葉に続けて「〜を英語にして」と話しかける

Siriに「(翻訳したい言葉)を英語にして」と話しかけると、日本語を英語に翻訳し、音声で読み上げてくれる。再生ボタンをタップすれば読み上げを何度でも再生可能だ。

パスワードを調べる

「Twitterのパスワード」などと話しかけると、「設定」→「パスワード」に保存されている、各種パスワードを確認できる

リマインダーを登録

「今日電話するとリマインド」というように「○○とリマインド」と伝えると、用件をリマインダーに登録可能

通貨を変換する

「28ドルは何円？」と話しかけると、最新の為替レートで換算してくれる。各種単位換算もお手のものだ

アラームをすべて削除

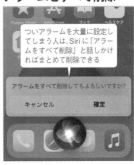

ついアラームを大量に設定してしまう人は、Siriに「アラームをすべて削除」と話しかければまとめて削除できる

POINT
自分とSiriが話した内容を表示する

設定で表示をオンにすると話した内容が画面下に表示される

iOS 14では、Siri起動時に自分とSiriが話した内容が文字表示されない。表示したい場合は、「設定」→「Siriと検索」→「Siriの応答」で、「Siriキャプションを常に表示」と「話した内容を常に表示」を両方オンにしておこう。画面下に話した内容が表示されるようになる。

新機能と基本の便利技

017 | Siri | Hey Siriと呼びかけてSiriを利用する

あらかじめ自分の声を認識させておこう

音声アシスタント機能の「Siri」を起動するには、iPhone X以降の機種であればスリープ（電源）ボタンを長押しし、ホームボタンのある機種であればホームボタンを長押しすればいい。もし、ボタン操作ではなく声でSiriを起動したいのであれば、「設定」→「Siriと検索」から「"Hey Siri"を聞き取る」をオンにしておこう。いくつかのセリフを読み上げ、自分の声を認識させたら設定完了。これで、iPhoneに「Hey Siri（ヘイシリ）」と呼びかけるだけで、Siriが起動するようになる。車の運転中や料理中など、ハンズフリーでSiriを起動できるので便利だ。

1 「"Hey Siri"を聞き取る」をオンにする

「ロック中にSiriを許可」もオンにしておくと、ロック中でもHey Siriで起動できるようになる。ただ、カバンやポケットの中で誤動作することもあるので、Siriをあまり使わないならオフにしておいた方が安全だ

iPhoneに「Hey Siri」と呼びかけてSiriを起動させたいなら、まず「設定」→「Siriと検索」→「"Hey Siri"を聞き取る」をオンにしよう。

2 指定されたセリフを言って声を登録

iPhoneに向かって、"Hey Siri"と言ってください

あらかじめ声を認識させれば、自分の声でだけ「Hey Siri」に反応するようになる

「Hey Siri」や「Hey Siri、今日の天気は？」など、いくつかセリフが表示されるので読み上げていく。これで自分の声を認識してくれるようになる。

3 「Hey Siri」でSiriを起動してみよう

「Hey Siri」と呼びかければSiriが起動する。あとは「音楽をかけて」などの命令を伝えれば各種操作を実行できる

---

018 | Siri | キーボードを使ってSiriを利用する

Siriは、音声入力だけでなく、キーボードを使って文字入力で命令することができる。キーボードでSiriに命令したい場合は、「設定」→「アクセシビリティ」→「Siri」の「Siriにタイプ入力」をオンにしよう。これは、本来声がうまく出せない人などのために用意された補助機能だ。ただ、「Siriを使いたいけど音声で入力するのがちょっと恥ずかしい」といった人にもおすすめ。Siriを起動するとSiriの画面に切り替わり、文字が入力できるようになる。

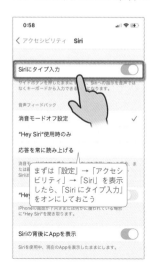

まずは「設定」→「アクセシビリティ」→「Siri」を表示したら、「Siriにタイプ入力」をオンにしておこう

Siriを起動すると、従来のような全画面表示に切り替わる。画面下に入力欄が表示されるので、キーボードを使ってSiriに頼みたいことを入力しよう

---

019 | ファイル選択 | 2本指ドラッグでファイルやメールを選択する

ファイルアプリで複数のファイルを同時に選択したい場合、通常であれば画面右上の「…」をタップしてから「選択」でファイルの選択モードに切り替え、目的のファイルをタップまたはドラッグして選択する。しかし、実は選択モードに入らなくても、2本指でファイルをタップまたはドラッグするだけで、選択状態にすることが可能だ。この操作はメールアプリなど他のアプリでも利用できる。複数項目を一気に選択したいときに便利なので使いこなそう。

ファイルアプリで選択したいファイルを2本指でタップまたはドラッグすると、連続での複数選択が可能だ

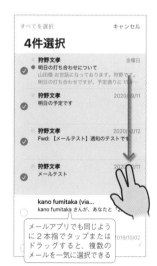

メールアプリでも同じように2本指でタップまたはドラッグすると、複数のメールを一気に選択できる

020 キーボードをなぞって英語を入力する

文字入力

iOSの英語キーボードでは、「なぞり入力」という特殊な入力方法が搭載されている。これは、キーボードに表示される文字キーをタップして文字を入力していくのではなく、文字キーをなぞって入力していくという特殊な入力方法だ。たとえば、「And」を入力したい場合は、「a」→「n」→「d」とキーボード上を指でなぞるだけで入力することができる。英語キーボード限定の入力方法ではあるが、慣れるとスピーディに文字入力可能だ。

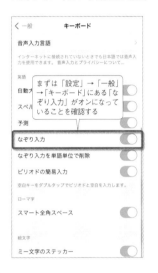

まずは「設定」→「一般」→「キーボード」にある「なぞり入力」がオンになっていることを確認する

英語キーボードに切り替えたら、キーボード上をなぞるようにして入力していこう

Safariやメールなどの各種アプリで、画面を縦にスクロールしたいときには、上下にスワイプもしくはフリップする操作方法を使うのが一般的だ。しかし、実は、画面の右端に表示されるスクロールバーを、ロングタップ後に上下ドラッグすることでもスクロールができる。縦長のページであれば、スワイプやフリップよりも高速にスクロール可能なので便利だ。なお、本操作はiOS 13以降に最適化されているアプリであれば、ほとんどのアプリで利用できる。

Safariなどで少しだけ画面をスクロールさせると、右にスクロールバーが表示される。これをロングタップしてから上下に動かせば、高速でスクロールすることが可能だ

スクロールバーでの高速スクロールは、スクロールバーが表示される多くのアプリ（ファイルアプリなど）で利用できる

022 「手前に傾けてスリープ解除」をオフにする

ロック解除

iPhoneは、スリープ状態の端末を手前に傾けることでスリープの解除ができるようになっている。本機能は、加速度センサーで動きを感知しており、机に置いてある端末を持ち上げたり、ポケットから端末を取り出したりしても反応する。いちいちスリープ（電源）ボタンを押さなくても、スリープが解除できるようになるので便利だ。とはいえ、必要ない時でもスリープが解除されてしまうことも多い。ボタン操作や画面のタップだけでスリープを解除したい場合は、設定で「手前に傾けてスリープ解除」の機能をオフにしておこう。

オフにする

「設定」→「画面表示と明るさ」→「手前に傾けてスリープ解除」をオフにすれば、スリープ（電源）ボタンか画面タップだけでスリープ状態を解除できるようになる

023 自動ロックの時間を適切に調節する

自動ロック

iPhoneの標準状態では、30秒間操作を行わないと自動ロックがかかり、ディスプレイの電源が切れてスリープ状態になる。この自動ロック時間は「設定」→「画面表示と明るさ」→「自動ロック」の項目から、30秒〜5分の間、または「なし」に変更可能だ。少し放置するだけで自動ロックがかかってしまい、いちいちパスコード入力やFace ID認証を行うのが面倒に感じる場合は、自動ロックまでの時間を長めに設定しておくといい。

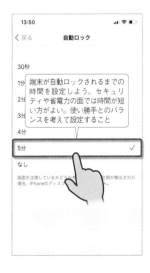

「設定」→「画面表示と明るさ」→「自動ロック」をタップする

端末が自動ロックされるまでの時間を設定しよう。セキュリティや省電力の面では時間が短い方がよい。使い勝手とのバランスを考えて設定すること

024 画面をタップして スリープ解除 できるようにする

スリープ解除

スムーズにスリープ状態を解除するには、本体側面のサイドボタン以外の操作方法も把握しておこう。iPhone 8までならホームボタンを押すことでもスリープを解除できるが、iPhone X以降ではホームボタンが存在しない。その

代わり、画面をタップすることでもスリープ解除が可能になっている。机に置いたiPhoneをロック解除したいときなどに使おう。本機能は標準で有効になっているが、うまく動作しない場合は以下で設定を確認しておくこと。

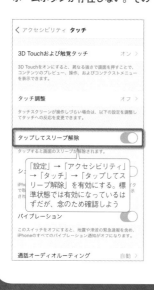

「設定」→「アクセシビリティ」→「タッチ」→「タップしてスリープ解除」を有効にする。標準状態では有効になっているはずだが、念のため確認しよう

端末をスリープ状態にしたら、画面を指でタップしてみよう。するとスリープが解除されロック画面が表示されるはずだ

025 画面の黄色味が 気になる場合の 設定法

画面表示

iPhone X以降の機種には「True Tone」機能が搭載されている。これは周囲の光に合わせてディスプレイのホワイトバランスを自動調節し、自然な色合いを再現してくれる機能だ。しかし、環境によっては画面が黄色っぽい色

味になる傾向がある（特に室内だと黄色くなりやすい）。黄色味がどうしても気になるという人は、True Tone機能をオフにしてしまおう。色味の自動調節機能が解除され、画面の黄色味がなくなってすっきりとした色合いになる。

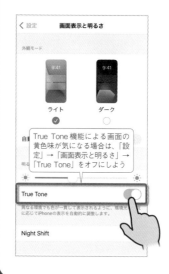

True Tone機能による画面の黄色味が気になる場合は、「設定」→「画面表示と明るさ」→「True Tone」をオフにしよう

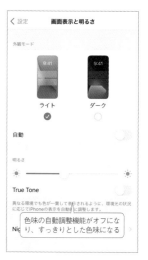

色味の自動調整機能がオフになり、すっきりとした色味になる

026 不要な 操作音を オフにする

サウンド

iPhoneの各種操作音を消したい場合は、本体側面のスイッチを切り替えてサイレントモードにするのが一番手っ取り早いが、これだと着信音も消えてしまう。着信音は鳴らしつつ、ほかの音を極力減らしておきたいという人は、「設

定」→「サウンドと触覚」で個々の設定を自分好みの状態にしてみよう。着信音以外の音は、すべて「なし」に設定することが可能だ。また、「キーボードのクリック」をオフにすれば、文字入力中のクリック音も無効にできる。

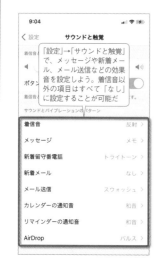

「設定」→「サウンドと触覚」で、メッセージや新着メール、メール送信などの効果音を設定しよう。着信音以外の項目はすべて「なし」に設定することが可能だ

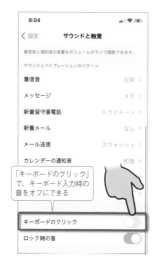

「キーボードのクリック」で、キーボード入力時の音をオフにできる

027 複数のアプリを まとめて 移動する

ホーム画面

iPhoneアプリは無料のものも多く、つい気軽にインストールしてしまいがちだ。結果、ホーム画面が使わないアプリだらけになることもよくある。そうならないためにも、ホーム画面のアプリは常に整理整頓しておこう。とはいえ、

アプリをひとつひとつ移動するのは以外と面倒。そこで覚えておきたいのが、複数アプリをまとめて移動する技だ。意外と知られていないが、以下のように両手を使ってタップすることで、複数のアプリを同時に移動することができる。

まずはホーム画面の何もない場所をロングタップ。アイコンが振動して編集モードになったら、移動したいアイコンを1つだけドラッグして位置をずらそう

最初に動かしたアイコンはそのまま指を離さない状態を維持する。まとめて移動したいアプリがほかにあれば、別の指で順次タップしよう。するとアプリが1カ所に集まり、まとめて移動できるようになる。移動が終わったら画面右上の「完了」をタップ

Suicaも使える Apple Payの利用方法

iPhoneを使って各種支払いをスマートに行う

「Apple Pay」は、クレジットカードや電子マネー、Suica、PASMO などの各種情報を Wallet アプリに登録して利用できる電子決済サービスだ。対応店舗や改札の読み取り機に iPhone をかざすだけで各種支払いを完了できるだけでなく、アプリ内購入やオンラインショッピングなどにも対応している。Wallet にクレジットカードを登録した場合は、電子マネーサービスの「iD」もしくは「QUICPay」を介して決済が可能。また、Suica や PASMO は「エクスプレスカード」に設定でき、面倒な Face ID などの認証なしに改札を通ることができる。これらの各種設定は「設定」→「Wallet と Apple Pay」で変更可能だ。

▶ クレジットカードを登録して利用する

1 クレジットカードを登録する

Apple Pay でクレジットカードを利用するには、あらかじめ Wallet アプリにカード情報を登録しておこう。まずは Wallet アプリを起動して、右上の「+」から「続ける」→「クレジットカード等」をタップ。

2 カード情報を入力して認証する

カードをカメラで読み取るとカード番号がスキャンされる。名前や有効期限、セキュリティコードを入力すれば、登録作業は完了だ。あとは、電話や SMS、オンラインなどの認証作業（カードごとに認証方法が異なる）を行えば使えるようになる。

3 Face IDなどで認証して利用する

実際に支払うときは、使いたいカードを Wallet アプリで表示し、Face ID などで認証。そのまま iPhone をリーダーにかざせば OK だ。なお、端末ロック中にスリープ（電源）ボタンをダブルクリックすれば、メインカードでの支払いがすぐ行える。現状は、「iD」もしくは「QUICKPay」での電子マネー決済のみ対応しており、店舗での「カード払い」は利用できない。もちろん、電子マネーを使うには、クレジットカードが iD か QUICKPay に対応している必要がある

▶ Suicaを新規登録して利用する

1 Walletに Suicaを登録する

Wallet アプリでは、Suica を新規登録して電子マネーとして使うことができる。Suica を新規登録するには、右上の「+」から「続ける」→「Suica」をタップしよう。

2 新規カードにチャージする

上の画面が出るのでチャージしたい金額を入力して「追加」をタップ。支払いを済ませれば Suica が Wallet アプリに追加される。なお、手持ちの Suica カードを追加することも可能だ。

3 エクスプレスカードに設定される

Suica を Wallet に登録すると、「エクスプレスカード」として自動設定される。エクスプレスカードは Face ID での認証が不要となり、改札などのリーダー部分に iPhone をかざすだけで即座に決済が行われるようになる。

POINT Suicaをチャージする

クレジットカードがWalletに登録されていれば、Wallet上でSuicaのチャージも可能だ。Suicaを表示し「チャージ」ボタンをタップ。必要な金額を入力しよう。ただし、クレジットカードがVISAの場合はWallet上でチャージすることができない。「Suica」アプリをインストールして、VISAカードを登録しチャージを行おう。

029 画面のスクリーンショットを保存する

マスト！ | 画面キャプチャ

iPhone には、表示している画面をそのまま写真として保存できるスクリーンショット機能が搭載されている。スリープ（電源）ボタン（もしくはホームボタン）と音量ボタン（上）を同時に押して、すぐにボタンを離すと、カシャッ

と音がして撮影可能だ。撮影が完了すると、画面左下に画像のサムネイルが表示される。左にスワイプするかしばらく待つと消えるが、タップすればマークアップ機能による書き込みやメールなどでの共有が行える。

サムネイルをタップするとマークアップ機能による編集画面に切り替わる。右上の共有ボタンで共有も可能だ

撮影したスクリーンショットのサムネイルが画面左下に表示。左へスワイプすればすぐに消すことができる。スクリーンショットはカメラで撮影した写真同様、写真アプリに保存される

030 ページの一番上へワンタップで即座に移動する

マスト！ | 画面操作

メールや Twitter などの各種アプリで、どんどん下へ画面を読み進めた後にページの一番上へ戻りたいときがあるはずだ。その際は、スワイプやフリックを繰り返すのではなく、画面最上部のステータスバー（時刻や電池マークが表示

されているエリア）をタップしよう。それだけで即座に一番上まで画面がスクロールされる。Safari やメモ、ミュージックアプリなど、縦にスクロールするほとんどのアプリで利用できる操作法なのでぜひ覚えておこう。

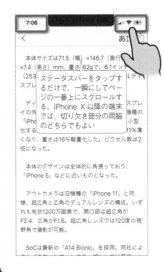

ステータスバーをタップするだけで、一瞬にしてページの一番上にスクロールする。iPhone X 以降の端末では、切り欠き部分の両脇のどちらでもよい

Safari の場合は、ステータスバーをタップすると検索フィールドが表示されるので、もう一度ステータスバーをタップしよう

031 意外と忘れやすい自分の電話番号を確認する方法

マスト！ | 電話

契約書などの記入時にうっかり自分の電話番号を忘れてしまった場合は、「設定」→「電話」をタップしてみよう。「自分の番号」欄に、自分の電話番号が表示されているはずだ。または、あらかじめ「設定」→「連絡先」→「自分の情報」

で自分の連絡先を選択しておけば、連絡先アプリや電話アプリの連絡先画面で、一番上に「マイカード」が表示されるようになる。これをタップすれば自分の電話番号を確認することが可能だ。覚えておくといざというときに役立つ。

「設定」→「電話」をタップすると、一番上の「自分の番号」欄に、自分の電話番号が表示されている

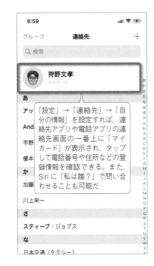

「設定」→「連絡先」→「自分の情報」を設定すれば、連絡先アプリや電話アプリの連絡先画面の一番上に「マイカード」が表示され、タップして電話番号や住所などの登録情報を確認できる。また、Siri に「私は誰？」で問い合わせることも可能だ

032 通話もできる専用イヤホン EarPods の使い方

リモコン操作

iPhone 用の Apple 製イヤホン「EarPods」には、iPhone を操作するためのリモコン機能が搭載されている。このリモコンの操作法を覚えておけば、ミュージックアプリのコントロールはもちろん、音楽再生中の通話対応などを

スマートに行える。iPhone をポケットやカバンの中からいちいち取り出すことなく、各種操作できるので覚えておこう。なお、最新の iPhone 12 シリーズでは EarPods が付属しなくなったため、別途購入する必要がある。

リモコンのおもな操作方法

電話

●電話に出る／通話を終了する
センターボタンを押す。

●着信の拒否
ビープ音が2回鳴るまでセンターボタンを長押しする。

●複数通話の切り替え
割込通話が着信した際にセンターボタンを押すと、通話相手が切り替わる。現在の通話を終了して切り替える場合はセンターボタンを長押。

ミュージック／ビデオ

●再生／一時停止
センターボタンを押す。

●次の曲、チャプターへスキップ
センターボタンを素早く2回押す。

●曲、チャプターの先頭へ
センターボタンを素早く3回押す。曲、チャプターの先頭で3回押すと前の曲、チャプターへスキップする。

●早送り
センターボタンを素早く2回押して2回目を長押しする。

●巻き戻し
センターボタンを素早く3回押して3回目を長押しする。

その他

●写真、ビデオの撮影
音量ボタンを押す。ビデオ撮影を終了する際は再度音量ボタンを押す。

●Siri の起動
センターボタンを長押しする。終了の際はセンターボタンを押す。

EarPod 自体は Apple Store などで 2,000 円（税別）で販売されている。リモコン部分にはマイクも搭載されており、通話や Siri などにも利用できる。

033 | AirDrop | iPhone同士で写真やデータを簡単にやり取りする

AirDropでさまざまなデータを送受信する

iOSの標準機能「AirDrop」を使えば、近くのiPhoneやiPad、Macと手軽に写真やファイルをやり取りすることができる。AirDropを使うには、送受信する双方の端末が近くにあり、それぞれのWi-FiとBluetoothがオンになっていることが条件だ。なお、Wi-Fiはアクセスポイントに接続している必要はない。まずは、受信側のコントロールセンターで「AirDrop」をタップし、「連絡先のみ」か「すべての人」に設定。相手の連絡先が連絡先アプリに登録されていない場合は、「すべての人」に設定しておこう。

1 受信側でAirDropを許可しておく

相手を連絡先に登録している場合は「連絡先のみ」でもよい（要iCloudサインイン）

受信側の端末でコントロールセンターを表示し、Wi-Fiボタンがある場所をロングタップ。「AirDrop」をタップして「すべての人」に設定しておく。

2 送信側で送りたいデータを選択する

送信側の端末で送信作業を行う。写真の場合は「写真」アプリで写真を開いて共有ボタン→「AirDrop」をタップ。あとは相手の端末名を選択しよう。

3 受信側の端末でデータが受信される

受信側には、このようなダイアログが表示される。「受け入れる」をタップしてデータを受信しよう。AirDropを使えば、写真以外にも連絡先やWebサイトのURLなど、さまざまなデータを送受信可能だ

---

034 | テザリング | インターネット共有でiPadやパソコンをネット接続しよう

iPhoneを使ってほかの外部端末をネット接続できる

iPhoneのモバイルデータ通信を使って、外部機器をインターネット接続することができる「テザリング」機能。ゲーム機やパソコン、タブレットなど、Wi-Fi以外の通信手段を持たないデバイスでも、手軽にネット接続できるようになるので使いこなしてみよう。設定手順は簡単。iPhoneの「設定」→「インターネット共有」→「ほかの人の接続を許可」をオンにし、パソコンやタブレットなどの外部機器をWi-FiやBluetooth、USBケーブル経由で接続するだけ。なお、テザリングは通信キャリアが提供するサービスなので、事前の契約も必要だ。

1 インターネット共有をオンにする

テザリングの利用には、キャリアによってオプション契約が必要なので最初に確認しよう。テザリングオプションを申し込んでいるのに「インターネット共有」項目が表示されない場合は、一度iPhoneを再起動すると解決することが多い。「設定」→「モバイルデータ通信」に「インターネット共有を設定」メニューが表示されている場合もある

iPhoneでテザリングを有効にする場合は、「設定」→「インターネット共有」をタップし、さらに「ほかの人の接続を許可」をオンにする。

2 外部機器とテザリング接続する

Wi-Fi接続を使う場合は、このパスワードで接続しよう

インターネット共有で外部機器がテザリング接続されている際は、青いマークが表示される。モバイルデータ通信の使いすぎに注意だ

パソコンやゲーム機などの外部機器とは、Wi-FiやBluetooth、USBケーブル経由でテザリング接続できる。好きな方法で接続してみよう。

POINT

iOS端末同士なら簡単に接続が可能だ

iOS端末同士でテザリング接続する場合は、より簡単に接続が可能だ。ほかのiOS端末側で「設定」→「Wi-Fi」を開いたら、「マイネットワーク」項目からテザリング接続する端末名を選ぶだけ。接続パスワードなども不要だ。ただし、両端末とも同じApple IDでiCloudにサインインし、Bluetoothがオンになっていることが条件となる。

035 | Wi-Fi | Wi-Fiのパスワードを一瞬で共有する

端末同士を近づけるだけで共有完了

iOS 11 以降の端末同士なら、自分の iPhone に設定されている Wi-Fi パスワードを、一瞬で相手の端末にも設定することができる。友人に自宅 Wi-Fi を利用してもらう際など、パスワード入力の手間が省ける上、パスワードの文字列が相手端末に表示されないので、セキュリティ面も安心だ。手順も簡単で、相手端末の「設定」→「Wi-Fi」でネットワークを選び、パスワード入力画面を表示。自分の iPhone を近づけるとパスワード共有のメニューが表示されるのでタップするだけだ。ただし、お互いの Apple ID のメールアドレスがお互いの連絡先アプリに登録されている必要がある。

1 Wi-Fi接続したい相手端末の操作

Wi-Fi 接続したい端末で、「設定」→「Wi-Fi」を開く。接続したいネットワーク名をタップし、パスワード入力画面を表示する。

2 iPhoneを相手の端末に近づける

Wi-Fi パスワード設定済みの自分の iPhone を、相手の端末に近づける。このような画面が表示されるので、「パスワードを共有」をタップする。

3 一瞬でパスワードが入力され接続が完了

一瞬でパスワードが入力され、Wi-Fi に接続された。その際、パスワードの文字列が表示されないため、セキュリティ面でも安心できる機能だ。

---

036 | 横画面 | ランドスケープモードだけの機能を活用する

コントロールセンターにある画面縦向きのロックがオフ状態なら、iPhone 本体を横にすると画面も横向きに回転し、ランドスケープモードになる。YouTube などの動画再生時は、横向きの方が大きな画面で楽しめるのでぜひ活用しよう。また、メッセージの手書きメッセージや、計算機の関数電卓、カレンダーの週間バーチカル表示など、アプリによってはランドスケープモードだけで使える機能もある。いろいろなアプリで試してみよう。

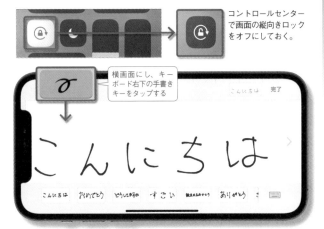

コントロールセンターで画面の縦向きロックをオフにしておく。

横画面にし、キーボード右下の手書きキーをタップする

メッセージアプリの iMessage 送信画面で横向きにすると、手書きメッセージを送信可能。相手に届くと筆跡通りのアニメーションで再生される。

---

037 | App Clip | アプリの機能の一部を手早く使える App Clip

「App Clip」とは、App Store を介さずに、Web サイトやメッセージ、QR コード、NFC タグなどを利用してアプリの一部機能を配布する機能だ。これにより、Web サイトからゲームアプリのお試し版を入手したり、店頭の QR コードから決済サービス用のアプリをすぐ入手したりなどが可能になる。iOS 14 で新しく搭載された機能のため、まだ実際に使える Web サイトやお店などは少ないが、将来的に使えるシーンが増えるかもしれない。

App Clip に対応した Web サイトを Safari で表示した例。App Store を介さずにアプリの一部機能がダウンロードされて起動する

「設定」画面の最下部にあるアプリ名一覧から「App Clip」をタップすれば、現在導入している App Clip の確認や削除が行える

App Store

カメラ

写真

時計

Twitter

設定

Maps

225   23,507
kei 225   -119.50

W J   28,514
Jones I... -165.81

PL   121.19
le Inc.   +0.09

● LINE

メール

● YouTube

● Dropbox

乗換案内

東京
マップ

ドライブ

SECTION

2

電話・メール・LINE

iPhoneの電話やメール、メッセージには、
隠れた便利機能が満載だ。しっかり使いこなして
日々の操作をスムーズかつスマートに行おう。
人気のLINEやGmailの裏技、
活用技もユーザーなら必見だ。

038 | 電話 | 電話に出られない時はメッセージや留守番電話で対応する

SECTION 2

リマインダーやメッセージ、留守番電話を活用

iPhoneにかかってきた電話に今すぐ出られない場合は、着信画面に用意されている「あとで通知」や「メッセージを送信」機能を利用しよう。「あとで通知」をタップした場合は、「ここを出るとき」「1時間後」に通知するよう、リマインダーアプリにタスクを登録しておける。忘れず折り返しの電話が必要な場合などに利用しよう。「メッセージを送信」をタップすると、「現在電話に出られません。」など3種類の定型文メッセージをSMSで送信できる。定型文の内容は、「設定」→「電話」→「テキストメッセージで返信」で自由に変更可能だ。ただし、メッセージはSMSで送信するため、相手が固定電話などの場合はメッセージ送信に失敗し、電話が切れる点に注意しよう。なお、ロック解除時は、画面上部のバナー表示で着信が通知されるので、通知をタップして全画面表示に切り替えて各種機能を利用しよう。

伝言メッセージが保存される留守番電話機能を使いたい場合は、docomoなら「留守番電話サービス」（月額330円）、auなら「お留守番サービスEX」（月額330円）、SoftBankなら「留守番電話プラス」（月額330円）を契約する必要がある。各キャリアとも、伝言メッセージを本体に保存するiPhoneの機能「ビジュアルボイスメール」に対応しているので、電話アプリの「留守番電話」画面で、いつでも好きな順番に録音されたメッセージを再生できる。なお、留守番電話以外のサービスも使うなら、オプションパックで契約したほうがお得だ。

> 「あとで通知」や「メッセージを送信」機能を利用

1 すぐに電話に出られない時のオプション

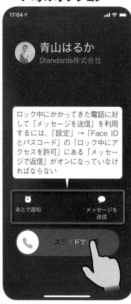

かかってきた電話にすぐ出られない時は、折り返しの電話を忘れずリマインダー登録する「あとで通知」や、相手にSMSで定型文を送信する「メッセージを送信」が利用できる。

2 「あとで通知」でリマインダー登録

「あとで通知」をタップすると、「ここを出るとき」「1時間後」に通知するよう、リマインダーアプリにタスク登録できる。

3 「メッセージを送信」で定型文をSMS送信

「メッセージを送信」をタップすると、いくつかの定型文で、相手にSMSを送信できる。定型文の内容は「設定」→「電話」→「テキストメッセージで返信」で自由に編集できる。

> 各キャリアの留守番電話サービスを利用する

留守番電話サービスを契約する

まず各キャリアの留守番電話サービスを契約しよう。キャッチホンなどのサービスも一緒に使いたいなら、オプションパックで契約したほうがお得だ。

留守番メッセージを確認する

「ビジュアルボイスメール」機能が有効なら、録音されたメッセージはiPhoneに自動保存され、電話アプリの「留守番電話」画面からオフラインでも再生できる。

POINT

各キャリアの留守番電話サービス

● docomo

「留守番電話サービス」

利用料金	330円／月
保存期間	72時間
保存件数	20件
録音時間	3分

● au

「お留守番電話サービスEX」

利用料金	330円／月
保存期間	7日間
保存件数	99件
録音時間	3分

● SoftBank

「留守番電話プラス」

利用料金	330円／月
保存期間	7日間
保存件数	100件
録音時間	3分

039 | 電話 | かかってきた電話の着信音を即座に消す

電車の中や会議中など、電話に出られない状況で着信があった場合、サイレントモードにしていないとしばらく着信音が鳴り響いてしまう。素早く着信音を消したい場合は、スリープ（電源）ボタンもしくは音量ボタンのどちらかを一度押してみよう。即座に着信音が消え、バイブレーションもオフになるのだ。なお、この状態では着信自体を拒否したわけではないので、そのまましばらく待っていれば自動的に留守番電話に転送される。ちなみに、すぐ留守番電話に転送したい場合はスリープボタンを2回押せばいい。

電話がかかってきたら、スリープボタンか音量ボタンを押せば、即座に着信音を消音することが可能。またスリープボタンを2回押せば、素早く留守番電話に転送できる

040 | 電話 | 電話やFaceTimeの着信拒否機能を利用する

特定の相手からの着信を拒否したい時は、電話アプリの履歴や連絡先画面から、拒否したい相手の「i」ボタンをタップし、「この発信者を着信拒否」をタップすればよい。電話はもちろん、メッセージやFaceTimeも着信拒否できる。また、知り合いからの電話のみ通知して欲しいなら、「設定」→「電話」→「不明な発信者を消音」をオンにしよう。連絡先やSiriからの提案にない番号からかかってきた電話は着信音が鳴らず、すぐに留守番電話に送られる。

「この発信者を着信拒否」→「連絡先を着信拒否」で着信拒否。解除する場合は、同じ画面で「この発信者の着信拒否設定を解除」をタップ。なお、「設定」→「電話」→「着信拒否した連絡先」でも設定できる

「設定」→「電話」→「不明な発信者を消音」をオンにすると、連絡先や発信履歴、メールに記載された番号からの電話は着信するが、それ以外の番号は消音され、留守番電話に送られる。着信履歴は残る

041 | 着信音 | 一定期間特定の相手からの着信のみ許可する

「緊急時は鳴らす」でおやすみモード中の着信を許可

「おやすみモード」を設定すると、一定時間着信音や通知音が鳴らなくなるが、特定の相手からの着信のみ許可することもできる。会議中や就寝中でも、この相手からの電話だけは出なけばいけないという時は、「連絡先」アプリで連絡先の編集画面を開き、「着信音」→「緊急時は鳴らす」をオンにしておこう。なお、「設定」→「おやすみモード」で「着信を許可」をタップすると、選択したグループの連絡先のみ着信を許可することもできる。ただし、連絡先のグループ作成と振り分けは、パソコンのWebブラウザでiCloud.comへアクセスして行う必要がある。

1 連絡先アプリで「着信音」をタップ

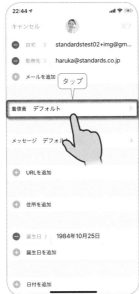

「おやすみモード」中でも特定の相手だけ着信を許可するには、連絡先アプリでその相手の連絡先を開き、「編集」→「着信音」をタップ。

2 「緊急時は鳴らす」をオンにする

「緊急時は鳴らす」をオンにしておこう。おやすみモードで一定期間着信を無効化にした状態でも、この相手からの着信のみ鳴るようになる。

3 特定のグループのみ着信を許可する

グループを選んでチェックを入れる。連絡先のグループ分けは、パソコンのWebブラウザでiCloud.comにアクセスして（No059で解説）作業を行う必要がある

または「設定」→「おやすみモード」→「着信を許可」で、おやすみモード中でも着信を許可するグループを選択してもよい。

042

着信音

相手によって着信音やバイブパターンを変更しよう

電話やメッセージの着信音とバイブパターンを、相手によって個別に設定したい場合は、「連絡先」または「電話」アプリで変更したい連絡先を開き、「編集」をタップ。「着信音」「メッセージ」項目で、それぞれ着信音やバイブレーショ

ンの種類を個別に変更可能だ。内蔵の着信音で物足りない場合は、iTunes Store で購入できるほか、自分で着信音ファイルを作成してパソコンの iTunes 経由で転送することもできる。

「連絡先」アプリまたは「電話」アプリの連絡先から、変更したい相手の連絡先を開き、「編集」モードで「着信音」や「メッセージ」をタップする

内蔵の着信音や iTunes で転送した着信音などが一覧表示されるので、好きなものに変更しよう。無音の着信音を設定すれば、着信音を無音にできる（No043 を参照）。バイブパターンは「バイブレーション」から変更。「通知音／通知音ストア」で「iTunes Store」が開く

043

着信音

特定の相手の着信音を無音にする

電話の着信音を鳴らしたくない場合は、左側面のサイレントスイッチをオンにしてマナーモードにすればよいが、特定の相手のみ無音にしたい場合は、着信音設定時（No042 参照）に無音ファイルを適用すればよい。無音ファイ

ルは、iTunes Store で「無音」をキーワードに検索して購入しよう。また、ネット上で「無音 着信音」などで検索すれば、無料で入手することもできる。ダウンロードした上、パソコンの iTunes 経由で転送して利用してもよい。

iTunes Store アプリを起動し、「無音」でキーワード検索すれば、無音の着信音がヒットするので購入しよう。ネット上で配布されている無音ファイルを入手しパソコンの iTunes 経由で転送してもよい

電話や連絡先アプリで着信音を変更したい相手を開き、「編集」→「着信音」をタップ。購入／転送した無音ファイルを選択すれば、着信音が無音になる

044

電話

電話の相手を Siri に教えてもらう

「音声で知らせる」機能を有効にすると、電話の着信時に Siri が相手の名前を教えてくれる。料理中や車の運転中でも、画面を見ることなく相手がわかり、応答するかどうか判断できる。ただし、Siri が読み上げるのは「連絡先」

アプリに登録された名前だけだ。また、電車内や外出先で読み上げて欲しくない場合は、設定で「ヘッドフォンのみ」を選択しておこう。ヘッドフォンを接続し、マナーモードを有効にしている場合のみSiri が名前を読み上げてくれる。

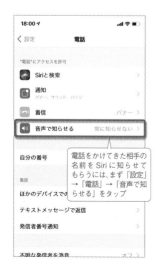

電話をかけてきた相手の名前を Siri に知らせてもらうには、まず「設定」→「電話」→「音声で知らせる」をタップ

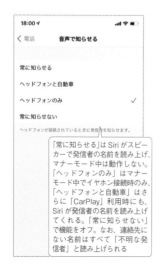

「常に知らせる」は Siri がスピーカーで発信者の名前を読み上げ、マナーモード中は動作しない。「ヘッドフォンのみ」はマナーモード中でイヤホン接続時のみ、「ヘッドフォンと自動車」はさらに「CarPlay」利用時にも、Siri が発信者の名前を読み上げてくれる。「常に知らせない」で機能をオフ。なお、連絡先にない名前はすべて「不明な発信者」と読み上げられる

045

メッセージ

入力したメッセージを後から絵文字に変換

「メッセージ」アプリで絵文字を使う場合、絵文字キーボードに切り替えて好きな絵文字を選択するか、変換候補から絵文字を選択する方法がある。さらにもうひとつ、いったん文章を最後まで入力した後、一気に絵文字変換を行え

ることを覚えておこう。文章を最後まで入力した後、キーボードを「絵文字」に切り替えよう。すると、絵文字変換可能な語句がオレンジ色に表示されるので、タップして絵文字を選択すれば OK だ。

文章入力後、絵文字キーボードに切り替えると、絵文字変換可能な語句がオレンジで表示される

オレンジの語句をタップし、絵文字を選択しよう。もちろん、絵文字が不要な語句はそのままにしておいてよい。再度タップして文字に戻すこともできる

046 メッセージでよくやり取りする相手を固定する

メッセージ

メッセージでよくやり取りする特定の相手やグループは、見やすいようにリスト上部にピンで固定しておこう。会話を右にスワイプして表示されるピンマークをタップすると、最大9人（グループ）までリスト上部にアイコンで配置できる。またピン留めした相手からメッセージが届くと、アイコンの上にフキダシのように表示され、メッセージの内容がひと目で分かるようになる。ピンの解除は「編集」→「ピンを編集」で「−」をタップする。

よくやり取りする相手は、会話を右にスワイプして表示されるピンをタップすると、リスト上部にアイコンで表示されるようになる

新着メッセージはアイコン上にフキダシで表示される。左上の「編集」→「ピンを編集」をタップし、各アイコンの「−」ボタンをタップすると、ピン留めを解除できる

047 メッセージにエフェクトを付けて送信する

メッセージ

メッセージアプリで iMessage を送る際は、吹き出しや背景に様々な特殊効果を追加する、メッセージエフェクトを利用できる。まずメッセージを入力したら、送信（↑）ボタンをロングタップしよう。上部の「吹き出し」タブでは、最初に大きく表示される「スラム」などの吹き出しを装飾する効果を選べる。「スクリーン」タブでは、背景に花火などをアニメーション表示できる。それぞれの画面で「↑」をタップしてエフェクト付きで送信しよう。

メッセージを入力して送信ボタンをロングタップすると、エフェクトの選択画面になる。「吹き出し」タブでは、最初に大きく表示されたり、タップするまで文字が表示されないといった効果を吹き出しに追加できる

上部のタブを「スクリーン」に切り替えると、背景に風船や花火をアニメーション表示させるなど、メッセージに派手なエフェクトを追加できる。スクリーンの種類は画面を左右にスワイプして切り替える

048 メッセージで特定の相手の通知をオフにする

メッセージ

着信拒否にするような相手ではないが、頻繁にメッセージが送られてきて通知がわずらわしいといった場合は、メッセージ一覧画面でスレッドを左にスワイプし、「通知を非表示」ボタンをタップしておこう。これで、この相手からのメッセージは通知されなくなる。バナーなどの表示やサウンドでの通知は停止するが、メッセージアプリのアイコンへのバッジ表示は有効なままなので、新着メッセージが届いたことは確認できる。

メッセージ一覧画面で、通知をオフにしたい相手のスレッドを左にスワイプし、「通知を非表示」ボタンをタップすれば、この相手からの新着メッセージのみ通知されなくなる。通知音も鳴らない

青山はるか

または、メッセージ画面を開いて上部ユーザー名をタップし、「i」をタップ。「通知を非表示」をオンにしてもよい

通知を非表示

開封証明を送信

049 メッセージで詳細な送受信時刻を確認

メッセージ

「メッセージ」アプリで過去にやりとりしたメッセージは、上下にスクロールすることで閲覧が可能だ。この際、各メッセージの送受信時刻を確認したい場合がある。標準状態では、日ごとのメッセージ送受信を開始した時刻は表示されるが、個々のメッセージの送受信時刻は表示されない。それぞれのメッセージの送受信時刻を確認したい時は画面を左へスワイプしてみよう。メッセージごとの送受信時刻を個別に確認することができる。

メッセージアプリの標準状態では、各メッセージの送受信時刻が表示されない

スワイプ

画面を右から左へスワイプすると、各メッセージの送受信時刻が表示される

電話・メール・LINE

050 | メッセージ | 3人以上のグループで メッセージをやり取り

複数の宛先を入力するだけでグループを作成

「メッセージ」アプリでは、複数人でメッセージをやりとりできる「グループメッセージ」機能も用意されている。新規メッセージを作成し、「宛先」にやりとりしたい連絡先を複数入力しよう。これで自動的にグループメッセージへ移行するのだ。なお上部ユーザー名をタップして「i」をタップすると詳細画面が開き、グループメッセージに新たなメンバーを追加したり、グループメッセージ自体に名前を付けることができる。個別のやりとりが面倒な、グループでの旅行やイベントに関する連絡に利用したい。

1 複数の連絡先を入力する

連絡先を複数入力

「メッセージ」アプリでグループメッセージを利用したい場合は、新規メッセージを作成し、「宛先」欄に複数の連絡先を入力すればよい。

2 グループメッセージを開始する

グループメッセージが開始される

自動的にグループメッセージが開始される。宛先の全メンバー間でメッセージや写真、動画などを投稿でき、ひとつの画面内で会話できるようになる。

3 詳細画面で連絡先を追加する

上部ユーザー名をタップして「i」をタップすると、グループに連絡先（新たなメンバー）を追加したり、グループに名前を付けることができる

---

051 | メッセージ | メッセージの「開封済み」を表示しない

メッセージアプリでメッセージを確認すると、相手の画面に「開封済み」と表示され、メッセージを読んだことが通知される「開封証明」機能。便利な反面、LINEの既読通知同様、「読んだからにはすぐ返信しなければ」というプレッシャーに襲われがちだ。開封証明をオフにしたい場合は、「設定」→「メッセージ」→「開封証明を送信」のスイッチをオフにしよう。また、相手ごとに個別に開封証明を設定することも可能だ。

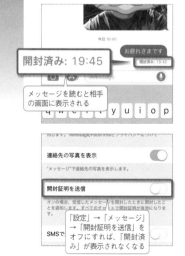

開封済み: 19:45

メッセージを読むと相手の画面に表示される

特定の相手のみ開封証明をオン（オフ）にしたい場合は、それぞれの相手とのメッセージ画面を開き、上部ユーザー名をタップして「i」ボタンをタップ。「開封証明」のスイッチをオン（オフ）にしよう

「設定」→「メッセージ」→「開封証明を送信」をオフにすれば、「開封済み」が表示されなくなる

---

052 | メッセージ | グループで特定の相手やメッセージに返信する

メッセージのグループチャットで同時に会話していると、誰がどの件について話しているか分かりづらい。特定のメッセージに返信したい時は、インライン返信機能を使おう。メッセージの下に会話が続けて表示され、どの話題についての返信か分かりやすくなる。また特定の相手に話しかけるにはメンション機能を使おう。会話で相手の名前が強調表示されるほか、相手がグループの通知をオフにしていても通知できる。

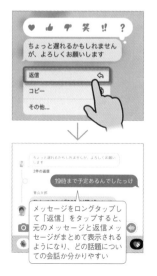

メッセージをロングタップして「返信」をタップすると、元のメッセージと返信メッセージがまとめて表示されるようになり、どの話題についての会話か分かりやすい

特定の相手にのみ話しかけるには、入力欄に相手の名前を入力してタップ。ポップアップ表示された相手の名前をタップし、続けてメッセージを入力すればよい。相手が「設定」→「メッセージ」→「自分に通知」をオンにしていれば、相手がグループチャットの通知をオフにしていても通知できる

マスト！053 連絡先 | パソコンで連絡先データを楽々入力

「設定」画面の一番上のApple IDをタップし、「iCloud」→「連絡先」のスイッチをオンにしておくと、他のiOS端末やMacと同期して利用できるようになるだけではなく、iCloud.com（https://www.icloud.com/）でもデータの閲覧、編集を行えるようになる。新規に多数の連絡先を入力する際は、iPhoneよりもパソコンで作業した方が効率的だ。また、iCloud.comでは、iPhone上では行えない連絡先のグループ分けも利用できる。

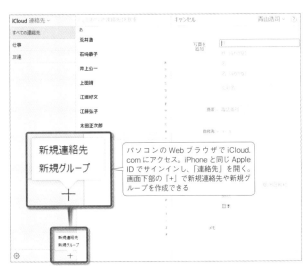

新規連絡先 新規グループ ＋

パソコンのWebブラウザでiCloud.comにアクセス。iPhoneと同じApple IDでサインインし、「連絡先」を開く。画面下部の「+」で新規連絡先や新規グループを作成できる

マスト！054 連絡先 | 複数の連絡先をまとめて削除する

連絡先アプリでデータを削除するには、削除したい連絡先をタップして情報を表示し、画面右上の「編集」ボタンをタップ。編集画面の一番下にある「連絡先を削除」をタップし、もう一度「連絡先を削除」をタップする必要がある。複数の連絡先を削除したい時、この操作を繰り返すのは非常に手間がかかる。そこで、パソコンのWebブラウザでiCloud.comにアクセスしてみよう。iCloud.com上では、連絡先を複数選択しまとめて素早く効率的に削除することができる。

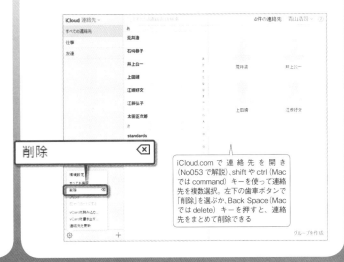

削除

iCloud.comで連絡先を開き（No053で解説）、shiftやctrl（Macではcommand）キーを使って連絡先を複数選択。左下の歯車ボタンで「削除」を選ぶか、Back Space（Macではdelete）キーを押すと、連絡先をまとめて削除できる

055 連絡先 | 誤って削除した連絡先を復元する

連絡先やファイルはiCloud.comの設定から復元できる

「設定」の上部のApple IDをタップし、「iCloud」→「連絡先」をオンにしていれば、誤って削除した連絡先データも復元可能だ。まずパソコンのWebブラウザでiCloud.comにアクセスし、iPhoneと同じApple IDでサインインしたら、「アカウント設定」をクリックしよう。下の方にある「連絡先の復元」をクリックすると、復元可能なデータが一覧表示されるので、戻したい日時の「復元」をクリック。しばらく待てばその時点の連絡先が復元される。他にもファイルやカレンダー／リマインダーも復元が可能だ。

1 iCloud.comの設定画面を開く

まず、パソコンのWebブラウザでiCloud.comへアクセスし、iPhoneと同じApple IDでサインインする。

アイコンが並んだメニューが表示されたら、「アカウント設定」をクリックしよう。

2 「連絡先の復元」で復元データを選ぶ

連絡先の復元

画面を下の方へスクロールし、詳細設定欄にある「連絡先の復元」をクリック。

復元

連絡先のバックアップ一覧が表示されるので、復元したい日時を選んで「復元」をクリックする。

3 連絡先が以前のデータに復元された

復元

確認ダイアログで「復元」をクリックして、しばらく待つ。

「連絡先の復元が完了しました」と表示されたら、同時にiPhone上の連絡先データも復元されているはずだ。

電話・メール・LINE

31

056

連絡先

重複した
連絡先を
統合する

電話番号やメールアドレスを個別に登録してしまい、同じ人の連絡先が2つ以上重複表示される時は、連絡先アプリのリンク機能でまとめておこう。まず、重複した連絡先のひとつを選び、「編集」→「連絡先をリンク」をタップ。

重複したもう一方の連絡先を選択し「リンク」をタップすると、2つの連絡先データがまとめて表示される。2つの連絡先に戻すには、編集画面で「リンク済み連絡先」の「ー」をタップすればよい。

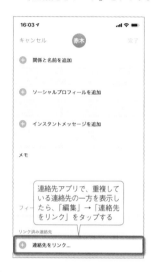

連絡先アプリで、重複している連絡先の一方を表示したら、「編集」→「連絡先をリンク」をタップする

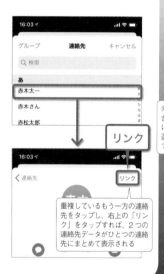

リンク

重複しているもう一方の連絡先をタップし、右上の「リンク」をタップすれば、2つの連絡先データがひとつの連絡先にまとめて表示される

057

メール

受信トレイの
メールをまとめて
開封済みにする

メールはいちいち個別に開いて開封済みにしなくても、メール一覧画面を開いて右上の「編集」→「すべてを選択」をタップし、下部の「マーク」→「開封済みにする」をタップすれば、すべての未読メールをまとめて既読にできる。

未読メールが溜まってひとつずつ開封するのが面倒ならこの方法で解消しよう。開封したメールを未開封に戻したい場合は、個別のメールを右にスワイプするか、または「マーク」→「未開封にする」でまとめて戻せる。

未読メールが溜まっている場合は、メール一覧画面の上部にある「編集」→「すべてを選択」をタップしよう。すべてのメールが選択状態になる

続けてメール一覧画面の下部にある「マーク」→「開封済みにする」をタップすると、すべての未読メールをまとめて開封済みにできる

058

メール

重要なメールに
目印を付けて
後でチェックする

重要なメールには、返信ボタンをタップして表示されるメニューから「フラグ」をタップし、好きな色のフラグを付けておこう。フラグを付けたメールには、選択したカラーの旗マークが表示されるようになる。また、メールボック

ス一覧にある「フラグ付き」フォルダを開くと、フラグを付けた重要なメールのみをまとめて表示できる。フラグのカラー選択の上にある、スラッシュが入った旗ボタンをタップすると、付けたフラグを外せる。

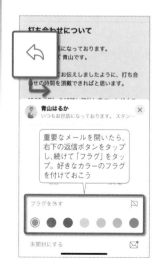

重要なメールを開いたら、右下の返信ボタンをタップし、続けて「フラグ」をタップ。好きなカラーのフラグを付けておこう

メールボックスの「フラグ付き」から、フラグが付けられたメールを参照できる。表示されない場合は、「編集」から「フラグ付き」のメールボックスにチェックを入れよう

059

メール

「iPhoneから送信」
を別の内容に
変更する

標準の「メール」アプリで新規メールを作成すると、「iPhoneから送信」という文言が本文に挿入されていることに気づくはず。この「iPhoneから送信」部分は、別の内容に変更可能だ。iPhoneを仕事でも使う場合は、パソコン

のメールに記載している署名と同じものを使用したり、不要なら削除しておけばよい。また、メールアプリで複数のアドレスを使っている場合は、それぞれ別々の署名を設定できる。

iPhoneから送信

新規メールには、はじめから「iPhoneから送信」が記載されている。別の内容に変更するか、不要なら削除しよう

「設定」→「メール」→「署名」を開く。複数のアドレスを使っている場合は、「すべてのアカウント」（で同じ署名を使う）か「アカウントごと」（に別々の署名を使う）を選択。「iPhone から送信」を削除して、自分の名前や電話番号などを入力しよう

060 | メール | メールをスワイプして
さまざまな操作を行う

ゴミ箱への移動や返信、転送をすばやく行える

メールアプリでは、よく使う操作をスワイプで素早く行えるようになっている。例えば、メール一覧画面で個々のメールを右にスワイプすれば「開封」または「未開封」、左いっぱいにスワイプでゴミ箱に移動、半分ほどでスワイプを止めれば「その他」「フラグ」「ゴミ箱」から操作を選択できる。「その他」では、返信や転送のほか、選択したスレッドの通知を一定時間停止する「ミュート」の設定などが可能だ。また、メール本文を開いた状態で左右にスワイプしても同様のメニューが表示され、「その他」の代わりに返信ボタンが表示される。

1 メール一覧画面のスワイプ操作

> 開封済みメールを右にスワイプすると未開封にできる。逆に未開封メールは開封される

> スワイプで表示されるメニュー項目は、「設定」→「メール」の「スワイプオプション」で変更できる。なお、Gmail の場合は「ゴミ箱」の部分が「アーカイブ」となる

右にスワイプして「開封」または「未開封」、左にスワイプでゴミ箱、左にスワイプ途中で止めると「その他」「フラグ」「ゴミ箱」を操作できる。

2 「その他」タップで表示されるメニュー

タップ

「その他」をタップすると、返信や転送、フラグ、ミュート（このスレッドの通知を停止する）、メッセージの移動などが行える。

3 メール本文画面でのスワイプ操作

> メール本文を開いた状態では、右にスワイプして「開封」または「未開封」、左にスワイプして「返信」「フラグ」「ゴミ箱」を操作できる。なお、フラグのカラーを変更したい場合は、メール本文下部の返信ボタンから操作する必要がある

---

061 | メール | フィルタ機能で
目的のメールを抽出する

フィルタボタンをタップするだけで絞り込める

「メール」アプリのメール一覧画面左下にあるフィルタボタンをタップすると、条件に合ったメールだけが抽出される。標準では未開封メールが抽出されて表示されるが、このフィルタ条件を変更したい場合は、下部中央に表示される「適用中のフィルタ」をタップしよう。未開封、フラグ付き、自分宛て、CC で自分宛て、添付ファイル付きのみ、VIP からのみ、今日送信されたメールのみ、といったフィルタ条件を設定できる。複数のフィルタを組み合わせて同時に適用することも可能だ。

1 メール一覧でフィルタボタンをタップ

タップ

「メール」アプリでメール一覧を開いたら、左下に用意されている、フィルタボタンをタップしてみよう。

2 フィルタ条件でメールが抽出される

タップ

適用中のフィルタ：
未開封

標準では、未開封のメールのみが抽出される。フィルタ条件を変更するには、下部中央に表示されている「適用中のフィルタ」部分をタップ。

3 フィルタ条件を変更する

適用する項目や宛先の他、添付ファイル付きのみ、VIP からのみ、今日送信されたメールのみといったフィルタ条件を変更できる。

062

メール

重要な相手からのメールを見落とさないようにする

忙しい時はこのメールだけチェックすればOK

標準メールアプリには、「VIP」機能が用意されている。これは、あらかじめVIPリストに登録しておいた連絡先から届いたメールを、メールボックスの「VIP」に自動的に振り分けてくれる機能だ。受信時の通知もVIPに振り分けられたメールだけ独自に指定できる。VIPのメールのみ通知を有効にしたり、通常のメールとは異なる通知音を設定すれば、重要なメールにだけすぐに応対できるようになる。まずは、メールボックスの「VIP」にある「VIPを追加」をタップし、VIPを登録しよう。登録した相手からのメールが、自動でVIPメールに振り分けられる。

1 VIPリストを編集する

1人をVIPに追加した後、2人目以降を追加する場合は、メールボックスの「VIP」右の「i」ボタンをタップし、「VIPを追加...」をタップ。VIPを解除したい場合は、名前を左へスワイプし「削除」をタップする。「VIP通知」で、VIPメールの通知を設定できる

メールボックスの「VIP」、または「VIP」右の「i」ボタンをタップし、続けて「VIPを追加」をタップ。連絡先からVIPリストに登録したいユーザーを追加する。

2 VIPメールの通知設定

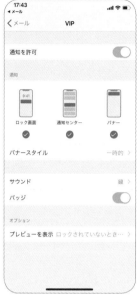

手順1の画面で「VIP通知」をタップすると、VIPメールを受信した時の通知方法を独自に設定することができる。

3 登録ユーザーからのメールを振り分け

VIPリストに登録したユーザーからメールが届くと、VIPメールボックスに自動で振り分けられる。ホーム画面で「メール」アプリをロングタップした際のメニューで、「VIP」のメールボックスに素早くアクセスできる

063

メール

フィルタとVIPの実践的な活用法

重要度の低いメールを整理するための使い方

仕事メールの中には、あまり目を通す必要のないものもあるだろう。例えば、自分には関わりが薄いのにCcに含まれて届くプロジェクトのメールや、毎日届く社内報、頻繁に報告される進捗メールなどだ。このようなメールで受信トレイが埋まっては、本当に目を通すべき重要なメールを見つけづらくなる。そこで、フィルタ（No061で解説）とVIP（No062で解説）機能を使って、重要度の低いメールを整理しておこう。本来は必要なメールを目立たせるための機能だが、必ずしも確認しなくてよいメールを目に入らなくするような使い方もできる。

1 「宛先:自分」でCcメールを非表示

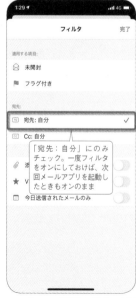

「宛先：自分」にのみチェック。一度フィルタをオンにしておけば、次回メールアプリを起動したときもオンのまま

メールのフィルタ機能で「宛先：自分」にチェックしておこう。Ccで自分が含まれるメールは表示されず、宛先が自分のメールのみ表示されるようになる。

2 定期メールはVIPに振り分ける

社内報などのアドレスを追加

社内報や進捗報告など、頻繁に届くがあまり読む必要もない定期メールのアドレスは、VIPに追加しておこう。

3 VIPメールの通知をオフにする

オフにする

「VIP通知」をタップして「通知を許可」をオフ。これで、定期メールの煩わしい通知がなくなり、自分のタイミングでVIPフォルダを開いて確認できる。

064 複数アドレスの送信済みメールもまとめてチェック

メール

メールアプリで送信済みメールを確認したい場合は、メールボックス一覧で、各アカウントごとの「送信済み」トレイをタップして開けばよい。ただ、これだとアカウントそれぞれの送信済みメールを個別にチェックすることになる。

「全受信」のように、すべてのアカウントの送信済みメールをまとめて確認したい場合は、メールボックス一覧の「編集」をタップし、「すべての送信済み」にチェックしておこう。

編集

メールアプリでメールボックス一覧を開いたら、右上の「編集」をタップする

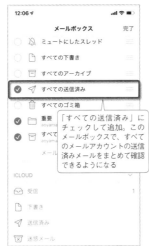

「すべての送信済み」にチェックして追加。このメールボックスで、すべてのメールアカウントの送信済みメールをまとめて確認できるようになる

065 メールはシンプルに新着順に一覧表示する

メール

メールアプリでは、返信でやり取りした一連のメールが、「スレッド」としてまとめて表示されるようになっている。ただスレッドでまとめられてしまうと、複数回やり取りしたはずのメールが1つの件名でしか表示されないので、

他のメールに埋もれてしまいがちだ。スレッドだとメールを見つけにくかったり使いづらいと感じるなら、シンプルに一通一通のメールが新着順に一覧表示されるように変更しておこう。

受信日時横の「>」マークがスレッドの印。タップすると、過去にやり取りした一連の送信メールをまとめて表示できる

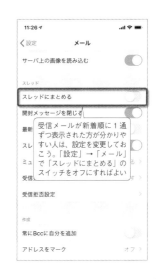

受信メールが新着順に1通ずつ表示された方が分かりやすい人は、設定を変更しておこう。「設定」→「メール」で「スレッドにまとめる」のスイッチをオフにすればよい

066 送信元アドレスを間違わないようにする

メール

個人用アドレスで仕事先にメールを送るミスを防ぐには、「設定」→「メール」→「アドレスをマーク」にドメイン名を入力しておけばよい。このドメイン以外のアドレスでメールを送る際に、送信アドレスが赤文字で表示され、ミス

に気付くことができる。なお、「メール」→「デフォルトアカウント」で新規メール作成時の送信アドレスを固定することもできる。また、返信メールは届いたアドレスが自動的に送信元になる。

@standards.co.jp

「設定」→「メール」→「アドレスをマーク」に、「@icloud.com」や「@gmail.com」といった、仕事で使うドメイン名を入力しておく

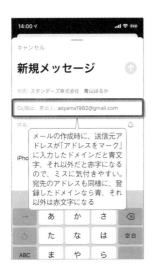

メールの作成時に、送信元アドレスが「アドレスをマーク」に入力したドメインだと青文字、それ以外だと赤字になるので、ミスに気付きやすい。宛先のアドレスも同様に、登録したドメインなら青、それ以外は赤文字になる

067 メールの下書きを素早く呼び出す

メール

作成中のメールをすぐに送信しない場合は、メール作成画面で左上の「キャンセル」→「下書きを保存」をタップすれば保存しておける。保存した下書きメールは、新規メール作成ボタンをロングタップすれば一覧表示され、素早

く呼び出すことが可能だ。いちいちメールボックスの「下書き」から開かなくてもいいので、覚えておこう。下書きメールを破棄したい場合は、スレッドを右から左にスワイプすればよい。

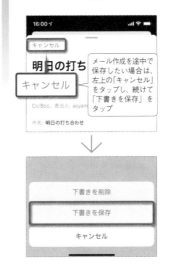

メール作成を途中で保存したい場合は、左上の「キャンセル」をタップし、続けて「下書きを保存」をタップ

下書きを削除
下書きを保存
キャンセル

ロングタップ

保存した下書きメールは、新規メール作成ボタンをロングタップすれば一覧表示される。下書きをタップして開けば再編集して送信できる

068 Gmail | Googleの高機能無料メール Gmailを利用しよう

多機能なフリーメール「Gmail」をiPhoneで活用しよう

Gmailは、Googleが開発・提供しているメールサービスだ。Gmailの特徴は、受信したメールはもちろん、送信済みのメールやアカウントの設定、連絡先などの個人データを、すべてオンライン上に保存しているという点。Gmailユーザーはスマートフォンやタブレット、パソコンからGmailへアクセスし、メールの送受信やメールの整理をオンライン上で行う仕組みになっている。そのため、自宅でも、外出先でも常に同じ状態のメールボックスを利用することができる。通勤途中に、昨晩パソコンから送ったメールをスマートフォンから確認するといったことも簡単。自宅だけでメールを受信するスタイルとは、全く異なったメールの使い方ができるサービスだ。

GmailをiPhoneで利用するには、公式アプリを利用する方法と、標準の「メール」アプリで利用する方法がある。ただし、標準メールアプリだと、Gmailの受信メールはリアルタイムでプッシュ通知されず、受信までにタイムラグが生じてしまう（「自動フェッチ」にしておけば、iPhoneが充電中でWi-Fiに接続中の場合のみ、リアルタイムで通知してくれる）。Gmailをメインで利用するなら、リアルタイムで通知される公式アプリの利用がオススメだ。

App Gmail
作者／Google, Inc.
価格／無料

公式アプリでGmailを利用してみよう

1 アカウントを入力してGmailへログインする

まずGoogleのアカウントを入力してログインする。マルチアカウントにも対応しており、複数のアカウントを切り替えて利用可能だ。

2 iPhoneでGmailが利用できる

Gmailの受信トレイが表示され、メールを送受信できる。新規メール作成は右下の作成ボタンから。左上のボタンでメニューが表示され、トレイやラベルを選択できる。

3 Gmailの機能をフルに利用できる

新規メールの作成画面。宛先欄右の「v」をタップして、CcやBccを追加可能。クリップのボタンでファイルの添付も行える。設定で入力した署名は、メール作成画面には表示されないが、送信メールには記載されている。右上のボタンで送信しよう

標準メールアプリでGmailを利用する

1 Gmailアカウントを追加する

標準メールアプリでGmailを利用するには、「設定」→「メール」→「アカウント」をタップして開き、「アカウントを追加」→「Google」をタップする。

2 「メール」のオンを確認してアカウントを保存

Googleアカウントでログインしてアカウントの追加を済ませたら、「メール」がオンになっていることを確認して「保存」をタップ。連絡先やカレンダー、メモの同期も可能だ。

3 「自動フェッチ」設定を確認する

標準メールはGmailをプッシュ通知できないデメリットがあるが、「自動フェッチ」に設定しておけば、iPhoneを充電中でWi-Fiに接続中の場合のみ、プッシュ通知してくれる。

069

Gmail

Gmailに会社や自宅の メールアドレスを集約させよう

会社や自宅のメールは 「Gmailアカウント」 に設定して管理しよう

No068で解説した「Gmail」公式アプリには、会社や自宅のメールアカウントを追加して送受信することもできる。ただし、iPhone上のGmailアプリに他のアカウントを追加するだけの方法では、iPhoneで送受信した自宅や会社のメールは他のデバイスと同期されず、Gmailの機能も活用できない。

そこで、自宅や会社のメールを「Gmailアプリ」に設定するのではなく、「Gmailアカウント」に設定してみよう。アカウントに設定するので、同じGoogleアカウントを使ったiPhoneやスマートフォン、パソコンで、まったく同じ状態の受信トレイ、送信トレイを同期して利用できる。また、ラベルとフィルタを組み合わせたメール自動振り分け機能や、ほとんどの迷惑メールを防止できる迷惑メールフィルター、メールの内容をある程度判断して受信トレイに振り分けるカテゴリタブ機能など、Gmailが備える強力なメール振り分け機能も、会社や自宅のメールに適用することが可能だ。Gmailのメリットを最大限活用できるので、Gmailアプリを使って会社や自宅のメールを管理するなら、こちらの方法をおすすめする。

ただし、設定するにはWeb版Gmailでの操作が必要だ。パソコンのWebブラウザ上で、https://mail.google.com/ にアクセスしよう。あとは右で解説している通り、設定の「メールアカウントを追加する」で会社や自宅のアカウントを追加すればよい。

▶ 自宅や会社のメールをGmailアカウントで管理する

1 Gmailにアクセス して設定を開く

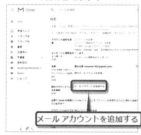

ブラウザでWeb版のGmailにアクセスしたら、歯車ボタンのメニューから「すべての設定を表示」→「アカウントとインポート」タブを開き、「メールアカウントを追加する」をクリック。

2 Gmailで受信したい メールアドレスを入力

別ウィンドウでメールアカウントを追加するウィザードが開く。Gmailで受信したいメールアドレスを入力し、「次のステップ」をクリック。

3 「他のアカウントから〜」 にチェックして「次へ」

追加するアドレスがYahoo!、AOL、Outlook、Hotmailなどであれば Gmailify機能で簡単にリンクできるが、その他のアドレスは「他のアカウントから〜」にチェックして「次へ」。

4 受信用のPOP3 サーバーを設定する

POP3サーバー名やユーザー名／パスワードを入力して「アカウントを追加」と、「〜ラベルを付ける」にチェックしておくと、あとでアカウントごとのメール整理が簡単だ。

5 送信元アドレスとして 追加するか選択

このアカウントを送信元にも使いたい場合は、「はい」にチェックしたまま「次のステップ」を選択。この設定は後からでも「設定」→「アカウント」→「メールアドレスを追加」で変更できる。

6 送信元アドレスの 表示名などを入力

「はい」を選択した場合、送信元アドレスとして使った場合の差出人名を入力して「次のステップ」をクリック。

7 送信用のSMTP サーバーを設定する

追加した送信元アドレスでメールを送信する際に使う、SMTPサーバの設定を入力して「アカウントを追加」をクリックすると、アカウントを認証するための確認メールが送信される。

8 認証リンクをクリック すれば設定完了

ここまでの設定が問題なければ、確認メールはGmail宛に届く。「下記のリンクをクリックして〜」をクリックすれば認証が済み設定が完了する。

9 iPhoneでもGmail で受信できる

プロバイダメールをGmailでまとめて受信できるようになった。手順4で「ラベルを付ける」にチェックしていれば、追加したアカウントのラベルで、プロバイダメールのみを確認できる

070

Gmail | Gmailを詳細に検索できる演算子を利用しよう

複数の演算子でメールを効果的に絞り込む

Gmailのラベルやフィルタで細かくメールを管理していても、いざ目当てのメールを探そうとするとなかなか見つからない……という時は、ピンポイントで目的のメールを探し出すために、「演算子」と呼ばれる特殊なキーワードを使用しよう。ただ名前やアドレス、単語で検索するだけではなく、演算子を加えることで、より正確な検索が行える。複数の演算子を組み合わせて絞り込むことも可能だ。ここでは、よく使われる主な演算子をピックアップして紹介する。これだけでも覚えておけば、Gmailアプリでのメール検索が一気に効率化するはずだ。

Gmailで利用できる主な演算子

from: …… 送信者を指定

to: …… 受信者を指定

subject: …… 件名に含まれる単語を指定

OR …… A OR Bのいずれか一方に一致するメールを検索

-（ハイフン） …… 除外するキーワードの指定

" "（引用符） …… 引用符内のフレーズを含むメールを検索

after: …… 指定日以降に送信したメール

before: …… 指定日以前に送受信したメール

label: …… 特定ラベルのメールを検索

filename: …… 添付ファイルの名前や種類を検索

has:attachment …… 添付ファイル付きのメールを検索

演算子を使用した検索の例

from:sato

送信者のメールアドレスまたは送信者名にsatoが含まれるメールを検索。大文字と小文字は区別されない。

from:青山 OR from:佐藤

送信者が青山または佐藤のメッセージを検索。「OR」は大文字で入力する必要があるので要注意。

from:佐藤 subject:会議

送信者名が佐藤で、件名に「会議」が含まれるメールを検索。送信者名は漢字やひらがなでも指定できる。

after:2015/03/05

2015年3月5日以降に送受信したメールを指定。「before:」と組み合わせれば、指定した日付間のメールを検索できる。

from:佐藤 "会議"

送信者名が佐藤で、件名や本文に「会議」を含むメールを検索。英語の場合、大文字と小文字は区別されない。

filename:pdf

PDFファイルが添付されたメールを検索。本文中にPDFファイルへのリンクが記載されているメールも対象となる。

071

Gmail | 日時を指定してメールを送信する

期日が近づいたイベントのリマインドメールを送ったり、深夜に作成したメールを翌朝になってから送りたい時に便利なのが、Gmailの予約送信機能だ。メールを作成したら、送信ボタン横のオプションボタン（3つのドット）をタップ。「送信日時を設定」をタップすると、「明日の朝」「明日の午後」「月曜日の朝」など送信日時の候補から選択できる。また、「日付と時間を選択」で送信日時を自由に指定することも可能だ。

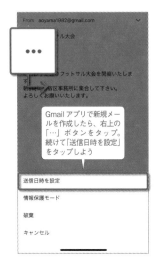

Gmailアプリで新規メールを作成したら、右上の「…」ボタンをタップ。続けて「送信日時を設定」をタップしよう

メール作成時の時間帯に応じて、「明日の朝」「今日の午後」「月曜日の朝」などが表示されるので、予約送信したい時間をタップ。また、「日付と時間を選択」をタップすると、メールを予約送信する日時を自由に設定できる

072

LINE | LINEの送信済みメッセージを取り消す

LINEで送信したメッセージは、24時間以内なら取り消し可能だ。1対1のトークはもちろん、グループトークでもメッセージを取り消しできる。テキストだけではなく写真やスタンプ、動画なども対象だ。また、未読、既読、どちらの状態でも行える。ただし、相手のトーク画面には、「メッセージの送信を取り消しました」と表示され、取り消し操作を行ったことは必ず伝わってしまうので注意しよう。

取り消したいメッセージをロングタップし、表示されたメッセージで「送信取消」をタップ

相手のトーク画面には「○○がメッセージの送信を取り消しました」と表示される。この表示を回避することはできない。また、相手端末の設定によっては、通知画面で内容を確認されてしまうこともある

073

LINE | 既読を付けずに LINEのメッセージを読む

気づかれずに メッセージを 確認する裏技

LINE のトークの既読通知は、相手がメッセージを読んだかどうか確認できて便利な反面、受け取った側は「読んだからにはすぐに返信しなければ」というプレッシャーに襲われがちだ。そこで、既読を付けずにメッセージを読むテクニックを覚えておこう。まず、通知センターを利用すれば、着信したトークを既読回避しつつ全件プレビュー表示可能だ。さらに、各通知をロングタップすれば既読を付けずに全文を読むことができる。また、トーク一覧画面で相手をロングタップ（3D Touch 搭載機種はプレス）することで、既読をつけずに1画面分を読める。

1 通知センターで 内容を確認する

「設定」→「画面表示と明るさ」→「テキストサイズを変更」で文字サイズを最小にしておけば、最大で115文字まで表示可能だ

本体の「設定」→「通知」→「LINE」でロック画面や通知センターでの通知をオンにしておき、「プレビューを表示」を「常に」か「ロックされていないときのみ」に。また、LINE の通知設定で、「新規メッセージ」と「メッセージ通知の内容表示」をオンにしておけば、通知センターでトーク内容の一部を確認できる。

2 通知センターの プレスで全文表示

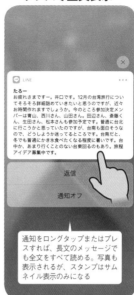

通知をロングタップまたはプレスすれば、長文のメッセージでも全文をすべて読める。写真も表示されるが、スタンプはサムネイル表示のみになる

通知センターでトーク内容を全部読めなくても、通知をプレスすることで、全文を表示できる。この状態でも既読は付かない。

3 トーク一覧画面で 相手の名前をプレス

トーク一覧画面で相手をロングタップ（3D Touch 搭載機種はプレス）すれば、既読を付けずに内容をプレビューできる。

074

LINE | LINEの トーク内容を 検索する

LINE で以前やり取りしたトーク内容を探したい場合は、検索機能を利用しよう。「ホーム」または「トーク」画面上部の検索欄で、すべてのトークルームからキーワード検索できる。検索すると、まずキーワードを含むトークルームが一覧表示される。トークルームを選ぶと、さらにキーワードを含むメッセージが一覧表示される。これを選んでタップすれば、キーワードが黄色くハイライトされた状態で開くことができる。

キーワードを入力すると、キワードを含むトークルームが一覧表示されるので、探しているメッセージが含まれていそうなトークルームを選択

そのトークルームに、キーワードを含むメッセージが複数ある場合は、該当メッセージが一覧表示される。どれか選んでタップすると、キーワードが黄色くハイライトされた状態で、そのメッセージが開く

075

LINE | グループトークで 特定の相手に 返信する

大人数の LINE グループでみんなが好き勝手にトークしていると、自分宛てのメッセージが他のトークで流れてしまい、返信のタイミングを逃すことがある。そんな時はリプライ機能を使おう。メッセージを引用した上で返信できるので、誰のどのメッセージに宛てた返事かひと目で分かる。また、特定の誰かにメッセージを送りたい時は、メッセージ入力欄に「@」を入力すれば、メンバー一覧から指名して送信できる。

返信したいメッセージをロングタップして「リプライ」をタップすると、そのメッセージを引用した状態で、メッセージを送信できる

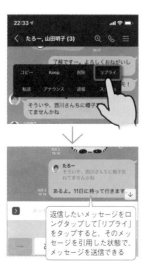

誰かに向けて能動的にメッセージを送りたい時は、メッセージ入力欄に「@」を入力し、メンバー一覧から相手を選択した上でメッセージを送ろう。相手には「メンションされました」と通知され、自分宛てのメッセージが届いたことが分かる

電話・メール・LINE

076

| LINE

LINEでブロックされているかどうか確認する

LINE で友だちにブロックされているかどうか判別するには、スタンプショップで適当な有料スタンプを選び、確認したい相手にプレゼントしてみるといい。「すでにこのアイテムを持っているためプレゼントできません。」と表示されたら、ブロックされている可能性がある。もちろん、相手が実際にそのスタンプを持っていることもあるので、相手が持っていなさそうな複数のスタンプを使ってチェックしてみよう。

スタンプショップで、相手が持っていなさそうなスタンプを選択。「プレゼントする」をタップする

ブロックを確認したいユーザーにチェックを入れ、「OK」をタップ。「このスタンプを持っているためプレゼントできません。」と表示されたらブロックされている可能性がある

077

| LINE

LINEで通話とトークを同時に利用する

LINE で通話中に、トークで写真を送ったり他の友だちと同時にトークしたい時は、わざわざ LINE の通話を切る必要はない。通話画面の右上にある、四角と矢印が書かれたアイコンをタップすると、通話を継続しつつ LINE のトーク画面などを操作できるのだ。耳から話しても会話できるように、スピーカーをオンにしておこう。画面上に表示された通話相手のアイコンをタップすると、元の通話画面に戻ることができる。

LINE で通話しながら、LINE の他の機能を使いたい時は、通話画面の右上にある、四角と矢印が書かれたボタンをタップしよう

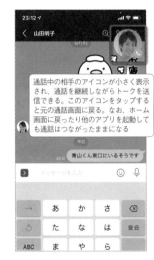

通話中の相手のアイコンが小さく表示され、通話を継続しながらトークを送信できる。このアイコンをタップすると元の通話画面に戻る。なお、ホーム画面に戻ったり他のアプリを起動しても通話はつながったままになる

078

| LINE

LINEのトークを自動バックアップする

LINE のトーク履歴は、バックアップさえ残っていれば機種変更したり初期化した際にも復元できるが、手動だとバックアップを忘れがちだ。定期的に自動でバックアップするよう設定を変更しておこう。自動バックアップの頻度は毎日、3 日に 1 回、1 週間に 1 回、2 週間に 1 回、1 ヶ月に 1 回から選べる。ただし、電源と Wi-Fiに接続されていないとバックアップは行われない。またバックアップ先の iCloud の容量にも注意しよう。

LINE のホーム画面で歯車ボタンをタップし、「トーク」→「トークのバックアップ」→「バックアップ頻度」をタップ

「自動バックアップ」のスイッチをオンにし、「バックアップ頻度」で自動バックアップする間隔を設定しよう。毎日、3 日に 1 回、1 週間に 1 回、2 週間に 1 回、1 ヶ月に 1 回から選択できる

079

| 無料通話

個人情報不要で気軽に使える通話アプリ

ユーザー名とプロフィール画像だけですぐに使える通話アプリ。最大 9 人のグループを作成でき、アプリを起動するだけで即座にグループ通話を開始できる。15 秒で自動消去される写真の投稿機能も備える。

App

Re-mo
作者／DWANGO Co., Ltd.
価格／無料

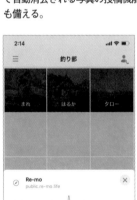

ユーザー名とプロフィール画像を設定し、続けてグループを作成したら、「+」をタップ。グループの招待 URL が作成されるので、コピーして友だちに送ろう。1 グループは最大 9 人、参加できるグループは最大 10 個

グループの参加ユーザーがアプリを起動すると、自動的にグループ通話が開始される。「画像投稿」で画像を送ると、各ユーザーの画面に画像が表示され、15 秒で自動消去される

3

ネットの
快適技

ネットでの情報収集やSNSでの
コミュニケーションを、ストレスなく円滑に行う
ために、アプリやサービスの便利技を駆使しよう。
まずはSafariに搭載された細かな
便利機能を覚えることから始めよう。

080 Safari | Webサイトのページ全体をスクショで保存する

ページ全体を PDFファイルとして 丸ごと保存できる

Safari で開いたページのスクリーンショット（No029で解説）を撮ると、表示中の画面を画像として保存できるほかに、見えない部分も含めたページ全体を丸ごと PDF ファイルとして保存することもできる。一部をトリミングして任意の範囲だけを切り取ったり、マークアップ機能でページ内に注釈を書き込んだりなども可能だ。作成された PDF は端末内に保存できるほか、iCloud ドライブや Google ドライブなどを保存先として選択できる。ただし、保存形式は PDF 以外を選べず、あまりに長すぎるページの場合は途中で切られてしまう。

1 スクリーンショットの プレビューをタップ

スリーブ（電源）ボタンと音量の上げるボタンを同時に押してスクリーンショットを撮影。左下のプレビューをタップ

Safari で Web ページを表示し、通常通りスクリーンショットを撮影しよう。画面左下にプレビューが表示されるので、これをタップする。

2 フルページを タップする

タップ

スクロールしないと表示されない部分も含めてスクリーンショットを保存できる

編集画面が開いたら「フルページ」タブに切り替えよう。Web ページ全体のスクリーンショットになる。注釈の書き込みやトリミングも可能だ。

3 PDFファイルとして 保存する

タップ

PDFを"ファイル"に保存

1枚のスクリーンショットを削除

編集を終えたら、左上の「完了」をタップし、「PDF を"ファイル"に保存」をタップ。端末内や iCloud ドライブに PDF ファイルとして保存できる。

---

081 Safari | 一定期間 見なかったタブを 自動で消去

Safari で Web ブラウジングしていると、つい大量のタブを開きっぱなしにしがちな人は多いだろう。タブボタンをロングタップすれば、開いているタブをまとめて閉じることができる（No085で解説）が、毎回この操作を行うのは面倒だ。そこで、「最近見ていないタブは自動で閉じる」機能を有効にしておこう。「設定」→「Safari」→「タブを閉じる」で、最近表示していないタブを1日／1週間／1か月後に自動で閉じるように設定できる。

「設定」→「Safari」→「タブを閉じる」をタップする

最近表示していないタブを自動的に閉じるまでの期間を、「1日後」「1週間後」「1か月後」から選択しておこう

---

082 Safari | 開いているタブを まとめてブック マークに登録する

Safari で開いている複数のタブをすべてブックマーク登録したい場合は、いちいち個別に登録しなくても、まとめて登録することが可能だ。ブックマークボタンをロングタップし、表示されたメニューから「○個のタブをブックマークに追加」をタップすればよい。ブックマークは新規フォルダにまとめられるので、フォルダ名と場所を指定しておこう。なお、開いているタブはすべて登録され、一部だけをブックマークする、といった選び方はできない。

ブックマーク登録したい Web ページを複数開いた状態で、ブックマークボタンをロングタップ。続けて「○個のタブをブックマークに追加」をタップしよう

3個のタブをブックマークに追加

フォルダ名を入力して場所を指定したら、「保存」をタップ。指定した場所に新規フォルダが作られ、開いているタブがすべてブックマーク登録される

083

Safari

iPadやMacで開いた サイトをすぐに表示する

iCloudの連携で 他端末で開いている ページを閲覧できる

「設定」の一番上に表示される Apple ID をタップして開き、「iCloud」の「Safari」をオンにしておくと、他の iOS 端末および Mac の Safari で開いているタブを iPhone 上でも開くことができる。また、その逆も可能だ。自宅の Mac で見ていたサイトを外出先の iPhone で開いたり、逆に iPhone で見ていたサイトを Mac や iPad の大画面で見直す、といった際に役立つ。なお、本機能を利用するためには、すべての端末の iCloud 設定で Safari が同期されており、同一の Apple ID でサインインしている必要があるので注意しよう。

1 iCloud設定で Safariを有効に

「設定」の一番上の Apple ID をタップして開き、「iCloud」の「Safari」を有効にする。同期する他の端末でも同じように Safari の iCloud 同期を有効にしておこう。

2 他端末で開いている タブを確認する

iPhone の Safari を起動し、画面右下のタブボタンをタップ。一覧画面を上にスワイプすると、他端末で開いているタブがテキストで表示される。

3 開いているタブを 他端末で確認する

逆に、iPhone で開いているタブを、iPad や Mac で開きたい場合も、同様に Safari のタブボタンをタップ、もしくはクリックすればよい。これは iPad の Safari で同期しているタブ一覧を表示したところ。iPhone に設定している名前の下に、その iPhone で開いているタブが一覧表示される。

084

Safari

2本指でリンクを タップして 新規タブで開く

Safari で Web サイト上のリンクをタップすると、リンク先のページに切り替わるが、2 本の指でタップすると、リンク先が新規タブで表示される。元のページは別のタブとして残ったままとなり、あらためて見返したいときに便利だ。なお、iPhone を片手で操作している場合は 2 本指でのタップがしにくいので、リンクをロングタップしよう。表示されたメニューから「新規タブで開く」をタップすれば、リンク先のページを新規タブで開くことができる。

2本指でリンクをタップ。それだけで新規タブでリンク先が表示される

リンクをロングタップし、表示されたメニューで「新規タブで開く」をタップしてもよい

085

Safari

Safariの タブをまとめて 消去する

Safari では、複数の Web ページをタブで切り替えて表示でき、タブも無制限で開くことができる。ただし、あまりタブを開きすぎると、切り替えたいタブを探し出すのが面倒になってしまう。タブを開きすぎた場合は、一度すべてのタブを閉じておくといい。とはいえ、1 つずつタブを閉じるのは面倒だ。そこで、Safari の画面右下にあるタブボタンをロングタップしてみよう。「○個のタブをすべて閉じる」で、すべてのタブを閉じることができる。

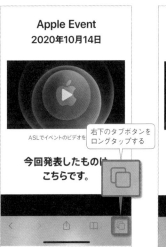

右下のタブボタンをロングタップする

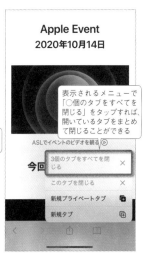

表示されるメニューで「○個のタブをすべて閉じる」をタップすれば、開いているタブをまとめて閉じることができる

086 URLの.comや.co.jpを素早く入力する

キーボード

Safari や Chrome などブラウザアプリのアドレスバーでアドレスを入力する際や、メールアプリの宛先を入力する際に、iPhoneのキーボードを英語または日本語ローマ字モードにすると、スペースキーの横に「.」（ドット）キーが追加される。この「.」キーをロングタップしてみよう。「.com」「.co.jp」「.net」といったURLでよく使われるドメイン名が候補としてポップアップ表示される。そのまま指をスライドさせれば、素早くドメイン名を入力可能だ。

Safari や Chrome のアドレスバーに入力する際は、スペースキー横に追加される「.」キーをロングタップすれば、「.com」や「.co.jp」を素早く入力できる

メールの宛先を入力する際も、同様にキーボードに「.」キーが追加され、ロングタップから「.com」や「.co.jp」を選択できる

087 端末に履歴を残さずにWebサイトを閲覧したい

Safari

Safari で閲覧履歴や検索履歴、自動入力などの記録を残さずにブラウジングしたい場合は、プライベートブラウズ機能を利用しよう。右下のタブアイコンをタップし、左下の「プライベート」をオンにして「完了」をタップ。ブラウザの検索欄が黒くなって、履歴などを残さずにページを閲覧できるようになる。通常モードに戻したい場合は、もう一度右下のタブアイコンをタップして「プライベート」をタップすればいい。元々開いていたタブもそのまま残っている。

閲覧履歴、検索履歴、自動入力情報を残さずにネットを閲覧したい場合は、まず Safari を起動して、右下のタブボタンをタップ

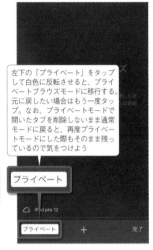

左下の「プライベート」をタップして白色に反転させると、プライベートブラウズモードに移行する。元に戻したい場合はもう一度タップ。なお、プライベートモードで開いたタブを削除しないまま通常モードに戻ると、再度プライベートモードにした際もそのまま残っているので気をつけよう

プライベート

---

088 Safariに広告ブロック機能を設定する

Safari

別途広告ブロックアプリのインストールも必要

Safari では広告表示を非表示にする「コンテンツブロック」機能が用意されている。ただしSafari 単体では動作せず、別途「コンテンツブロッカー280」などの広告ブロックアプリが必要だ。あらかじめ App Store からインストールしておこう。広告をブロックすることで、余計な画像を読み込むことなくページ表示も高速になる。

280 blocker

App

コンテンツブロッカー280
作者／Yoko Yamamoto
価格／500円

1 設定でコンテンツブロッカーを有効にする

オンにする

アプリをインストールしたら、「設定」→「Safari」→「コンテンツブロッカー」をタップ。「280blocker」のスイッチをオンにしておこう。

2 「280blocker」の機能をオンにする

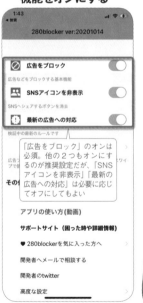

「広告をブロック」のオンは必須。他の2つもオンにするのが推奨設定だが、「SNSアイコンを非表示」「最新の広告への対応」は必要に応じてオフにしてもよい

「280blocker」を起動し、3つのスイッチをオンにしよう。これで、Safariで開いた Web ページの広告や SNSアイコンが非表示になる。

3 月に一度は定義ファイルを更新しよう

ブロックルールは数日ごとに自動更新され新しい広告に対応しているが、消えない広告や不具合が出た場合は、手動で「ブロックルールの更新」をタップして、改善しないか試してみよう

089
Safari

Safariの検索・閲覧履歴を消去する

過去に Safari でアクセスした Web サイトの検索・閲覧履歴は、ブックマークの「履歴」に保存されている。他人に見られたくない履歴が残っているなら、手動で消しておこう。すべての履歴を一気に削除したいのであれば、「設定」→「Safari」→「履歴と Web サイトデータを消去」を選べばいい。また、Safari 上でブックマークを表示して「履歴」から「消去」を選ぶ方法もある。履歴の内容を確認してから消去したい場合は、後者の手順で行おう。

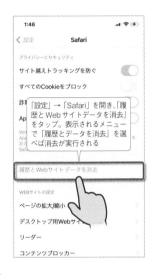

「設定」→「Safari」を開き、「履歴と Web サイトデータを消去」をタップ。表示されるメニューで「履歴とデータを消去」を選べば消去が実行される

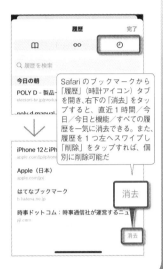

Safari のブックマークから「履歴」(時計アイコン) タブを開き、右下の「消去」をタップすると、直近 1 時間／今日／今日と機能／すべての履歴を一気に消去できる。また、履歴を 1 つ左へスワイプし「削除」をタップすれば、個別に削除可能だ

090
Safari

Safariでページ内のキーワード検索を行う

Safari で表示しているページ内で特定の文字列を探したい場合は、まず下部中央の共有ボタンをタップしよう。メニューが表示されたら「ページを検索」をタップ。検索欄にキーワードを入力すれば、一致する文字列が黄色でハイライト表示される。「∨」や「∧」キーで次／前の文字列も検索可能だ。なお、スマート検索フィールド（アドレスバー）にキーワードを入力し、一番下にある「"○○"を検索」をタップしても、ページ内を検索することができる。

文字列を探したい場合は、まず下部中央の共有ボタンをタップし、「ページを検索」をタップする

キーワードを入力すれば、一致する文字列が黄色でハイライト表示される。「∨」や「∧」キーで前後の文字列に移動、「完了」でページ内の検索を終了する

091
Safari

スマホ用サイトからデスクトップ用サイトに表示を変更する

■ スマート検索フィールドの表示メニューで変更

iPhone の Safari で Web サイトを開くと、サイトによってはパソコンで開いた場合とは異なる、モバイル向けのページが表示される。スマートフォンの画面に最適化されており操作しやすい反面、メニューや情報が省略されている場合も多い。パソコンと同じ形のページを見たいなら、スマート検索フィールド（アドレス欄）の左端にある「AA」ボタンをタップし、「デスクトップ用 Web サイトを表示」をタップして表示を切り替えよう。なお、「設定」から、常にデスクトップ用で表示させるような設定に変更することもできる。

1 デスクトップ用Webサイトを表示

スマート検索フィールドの左端にある「AA」ボタンをタップし、メニューから「デスクトップ用 Web サイトを表示」をタップしよう。

メニューにある「Web サイトの設定」をタップして、「デスクトップ用 Web サイトを表示」をオンにすると、そのサイトは常にデスクトップ用で表示される

2 パソコンと同様の画面に切り替わる

画面がリロードされ、パソコン向けのWeb ページに切り替わる。元の画面に戻すには、同じメニューで「モバイル用 Web サイトを表示」をタップすればよい。

モバイル版だと省略される一部のメニューも、この画面だと表示されて操作できる

3 常にデスクトップ用サイトを表示する場合

「設定」→「Safari」→「デスクトップ用 Web サイトを表示」→「すべての Web サイト」をオンにすれば、常にデスクトップ用 Web サイトが表示されるようになる

092
Safari

誤って閉じた
タブを
開き直す

Safariのタブは開きすぎてしまうと同時に、あまり意識せず削除してしまうことも多い。読みかけの記事やブックマークしておきたかったサイトを、誤って閉じてしまうこともよくあるミスだ。そんな時は、タブボタンでタブ一覧画面を開き、新規タブ作成ボタン（「＋」ボタン）をロングタップしてみよう。「最近閉じたタブ」画面がポップアップ表示され、今まで閉じたタブが一覧表示される。ここから目的のものをタップすれば、再度開き直すことが可能だ。

タブボタンをタップした後、「＋」をロングタップ

最近閉じたタブが一覧表示され、タップして開き直すことができる。ブックマークの履歴をチェックするよりも素早く再アクセス可能だ

マスト！

093
Safari

前後に見た
サイトの履歴を
一覧表示する

リンクを辿ってさまざまなサイトを見ていると、少し前に開いたサイトをもう一度確認したくなることがある。しかし、戻るボタンでさかのぼって、また進むボタンで最後に開いたページに帰ってくる、といった一連の操作を行うのも面倒だ。こんな場合は、画面左下の「＜（前のページへ戻る）」「＞（次のページへ進む）」ボタンをロングタップして、前後の履歴をリスト表示しよう。リスト上で再アクセスしたいサイトのタイトルを確認しタップすれば、素早くそのページにアクセスできる。履歴はタブごとにそれぞれ保存されているので覚えておこう。なお、全てのタブの履歴をまとめて見たい場合はブックマークを開き「履歴」をタップしよう。

「＜」ボタンをロングタップして、このタブで過去に開いた履歴をリスト表示。タップして素早く再アクセスできる

094
Safari

タブバーで
素早くタブを
切り替える

端末を横向きにして画面も横向きで利用する「ランドスケープモード」（No036で解説）。Safariでは、ランドスケープモードにすることで「タブバー」が表示される。タブバーとは、開いているタブが画面上部に一覧表示され、タップすることですぐに開くことができる機能だ。複数のWebサイトを切り替えて情報をチェックしたい時に役立つ。利用するには、「設定」→「Safari」→「タブバーを表示」のスイッチをオンにしておく必要があるので、あらかじめ確認しよう。

タブバーを表示 ⬤

「設定」→「Safari」→「タブバーを表示」のスイッチをオンにする。

タップしてタブを切り替える

ランドスケープモードにすると画面上部にタブバーが表示される。タップしてタブを切り替えよう。なお、ランドスケープモードを利用するにはコントロールセンターで画面縦向きのロックをオフにしておく必要がある。

マスト！

095
Safari

「お気に入り」
ブックマークを
活用する

Safariのブックマークを開いた際、一番上に「お気に入り」という項目が用意されていることに気づくはずだ。これはただのフォルダではなく、特別なブックマークとして機能する。よく使うブックマークをここに追加しておけば、新規タブの作成時や検索フィールド入力時に、「お気に入りブックマーク」として一覧表示されるので覚えておこう。なお、「設定」→「Safari」→「お気に入り」で、別のフォルダをお気に入りブックマークに指定することもできる。

新規タブ作成時や検索フィールドをタップした際に表示されるお気に入りブックマーク。各ブックマークをタップしてサイトにアクセスできる他、ロングタップでプレビュー表示したり、メニューから編集や削除を行ったりできる。ドラッグで入れ替えも可能だ

Webサイトを「お気に入り」に追加するには、共有ボタンをタップし、メニューで「お気に入りに追加」をタップしよう

---

096 Safari フォームへの自動入力機能を利用する

連絡先やクレジットカード情報を自動で入力する

「設定」→「Safari」→「自動入力」では、Safari の自動入力機能を有効にできる。「連絡先の情報を使用」をオンにすると、「自分の情報」で選択した連絡先情報を、名前や住所の入力フォームに自動入力することが可能だ。また、「クレジットカード」をオンにすると、「保存済みのクレジットカード」に登録したカード情報を入力フォームに自動で入力できる。なお、一度ログインした Web サービスのユーザー名とパスワードを自動入力したい場合は、「設定」→「パスワード」の「パスワードを自動入力」をオンにしておこう。

1 Safariの自動入力を有効にしておく

「設定」→「Safari」→「自動入力」を開き、「連絡先の情報を使用」と「クレジットカード」のスイッチをオンにしておこう。連絡先とクレジットカード情報はあらかじめ設定しておくこと。

2 連絡先の情報を自動入力する

名前や住所の入力フォーム内をタップすると、キーボード上部に「連絡先を自動入力」と表示されるので、これをタップ。選択した連絡先情報が自動入力される。

3 クレジットカード情報を自動入力する

クレジットカード番号の入力フォーム内をタップすると、キーボード上部に「カード情報を自動入力」と表示されるので、これをタップ。複数の登録済みのカードから選択できる。

---

097 Safari SafariのブックマークをパソコンのChromeと同期する

拡張機能「iCloudブックマーク」で手軽に同期できる

iPhone の Safari のブックマークと、パソコンで使っている Chrome のブックマークを同期したいなら、Chrome の拡張機能「iCloud ブックマーク」を利用しよう。ただし拡張機能のほかに、「Windows 用 iCloud」の設定も必要になる。下記サイトよりインストーラをダウンロードし、あらかじめインストールを済ませておこう。

App
Windows用iCloud
作者／Apple
価格／無料
https://support.apple.com/ja-jp/HT204283

1 Chromeに拡張機能を追加する

「Chrome ウェブストア」(https://chrome.google.com/webstore/) の「拡張機能」から、「iCloud ブックマーク」を探して、パソコンの Chrome に追加しよう。

2 Windows用iCloudをインストールする

「Windows 用 iCloud」をインストールし、iPhone と同じ Apple ID でサインインする。続けて「ブックマーク」にチェックし、オプション画面で「Chrome」にチェック。「適用」をクリックしよう。

3 Chromeのブックマークが同期される

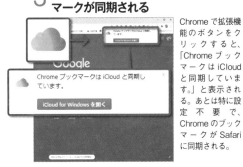

Chrome で拡張機能のボタンをクリックすると、「Chrome ブックマークは iCloud と同期しています。」と表示される。あとは特に設定不要で、Chrome のブックマークが Safari に同期される。

4 iPhoneのSafariでブックマークを確認

iPhone で Safari を起動して、ブックマークを開いてみよう。同期された Chrome のブックマークが一覧表示されるはずだ。ブックマークの追加や削除も相互に反映される。

098

| Safari

複数ページの記事を1画面でまとめて読む

ニュースなど長文を提供する一部のサイトは、Safari のリーダー機能に対応している。機能を有効にすると、ページ内の余計な画像や広告などはすべて排除され、シンプルで読みやすいテキスト主体の表示に切り替わる。また、複数ページにまたがって掲載されている記事を、1画面で読めるよう連続表示してくれるメリットもある（Web ページによっては未対応）。長文の特集記事なども、スクロール操作だけでストレスなく読み進めることが可能だ。

スマート検索フィールドの左端にある「AA」ボタンをタップし、「リーダーを表示」をタップするか、または「AA」ボタンをロングタップ。リーダー機能に非対応のサイトはタップできない

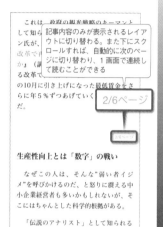

2/6ページ

099

| Safari

開いているタブをキーワード検索する

いつの間にか増えている Safari のタブ。開きすぎたタブの一覧から目当てのタブを見つけたい時は、タブのキーワード検索機能を利用しよう。まずは、画面右下のタブボタンをタップし、タブ一覧を表示。下方向へスワイプし一番上までスクロールすると、「検索タブ」という検索ボックスが画面最上部に表示される。ここにキーワードを入力して検索しよう。ただし、本機能は各タブのタイトルを検索するだけで、サイト内を検索できるわけではない。

タブ一覧画面上部の検索ボックスにキーワードを入力

タイトルにキーワードが入っているタブが表示される

100

| 通信速度

Googleでネットの通信速度を調べる

モバイルデータ通信や Wi-Fi の通信速度を計測したい場合、計測用のアプリを利用する方法もあるが、ここでは Google のサービスを使った簡単な方法を紹介しよう。まず、Safari で「インターネット速度テスト」や「スピードテスト」と入力し検索する。検索結果のトップに「インターネット速度テスト」と表示されたら、「速度テストを実行」をタップしよう。30秒程度でテストが完了し、ダウンロードとアップロードの通信速度が表示される。

タップ

30秒程度で計測結果が表示される。モバイルデータ通信でテストする場合、データ通信が発生するので注意しよう

101

マスト！

| Safari

カメラを使ってクレジットカード情報を入力する

オンラインショッピングなどで、クレジットカードの番号入力が必要になったとき、Safari ならいちいち手動で入力しなくても、カメラでカード番号を読み取り、自動入力することができる。Web サイトにあるクレジットカード番号の入力フォームをタップして、続けて「クレジットカードを読み取る」をタップ。カメラを起動し、枠内にカードを収めるだけでカード番号の読み取りが可能だ。ただし、すべてのサイトに対応しているわけではないので注意しよう。

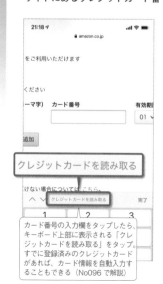

クレジットカードを読み取る

カード番号の入力欄をタップしたら、キーボード上部に表示される「クレジットカードを読み取る」をタップ。すでに登録済みのクレジットカードがあれば、カード情報を自動入力することもできる（No096 で解説）

白い枠内にカードを収めると、カード番号を読み取って自動的にフォームに入力できる

SECTION 3

102

Twitterのフォロー状態が
ひと目でわかる管理アプリ

片思いユーザーの
一括アンフォローや
リフォローが可能

Twitterで自分が一方的にフォローしている、または相手から一方的にフォローされている片思いユーザーを確認できるアプリ。片思い相手のフォローを個別に解除（アンフォロー）／フォロー返し（リフォロー）できるほか、共有ボタンからまとめてアンフォロー／リフォローすることもできる。煩雑になりがちなフォロワー管理に役立てよう。

App

フォロー管理 for Twitter
作者／Masaki Sato
価格／無料

1 Twitterのフォロー
状況を確認

Twitterアカウントと連携を済ませると、フォロー状況を確認できる。自分だけがフォローしている相手を確認するには「～片思いしている」をタップ。

2 片思い相手を個別に
フォロー解除

片思いしているユーザーが一覧表示される。左下の「編集」をタップしてユーザーを選択、「フォロー解除」をタップすればフォローを解除できる。

3 一括アンフォロー／
リフォローも可能

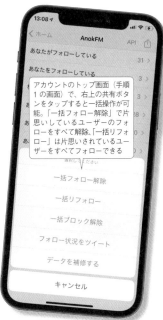

アカウントのトップ画面（手順1の画面）で、右上の共有ボタンをタップすると一括操作が可能。「一括フォロー解除」で片思いしているユーザーのフォローをすべて解除、「一括リフォロー」は片思いされているユーザーをすべてフォローできる

103

Twitterで
日本語のツイート
だけを検索する

Twitterで外国語や海外の人物名などでキーワード検索すると、「話題」タブでは日本語ツイートが優先されるが、「最新」タブでは世界中のユーザーのツイートが時系列で表示される。その中から日本語のツイートだけを抽出したい場合は、キーワードの後にスペースを入れ、続けて「lang:ja」と入力して検索してみよう。日本語のツイートだけが表示されるはずだ。さらに、以下のような検索オプションも併せて使えば、効率よく検索ができる。

ここでは「bbc lang:ja」で検索。「最新」タブでも英語ツイートは表示されず、日本語のツイートのみを検索することができる

Twitterの便利な
検索オプション

lang:ja
日本語ツイートのみ検索

lang:en
英語ツイートのみ検索

near:"東京 新宿区"
within:15km
新宿から半径15km内で送信されたツイート

since:2020-01-01
2020年01月01日以降に送信されたツイート

until:2020-01-01
2020年01月01日以前に送信されたツイート

filter:links
リンクを含むツイート

filter:images
画像を含むツイート

min_retweets:100
リツイートが100以上のツイート

min_faves:100
お気に入りが100以上のツイート

マスト！

104

Twitterで
知り合いに発見され
ないようにする

Twitterでは、連絡先アプリ内に登録しているメールアドレスや電話番号から、知り合いのユーザーを検索することができる。しかし、自分のTwitterアカウントを知人に知られたくない人もいるだろう。そんな時は、Twitterアプリの設定で「見つけやすさと連絡先」をタップして開き、「メールアドレスの照合と通知を許可する」と「電話番号の照合と通知を許可する」をオフにしておこう。これにより、メールアドレスや電話番号で知人に発見されなくなる。

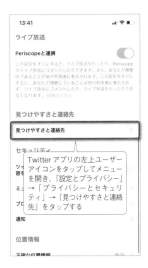

Twitterアプリの左上ユーザーアイコンをタップしてメニューを開き、「設定とプライバシー」→「プライバシーとセキュリティ」→「見つけやすさと連絡先」をタップする

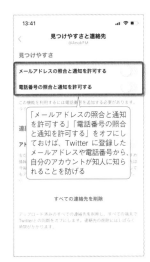

「メールアドレスの照合と通知を許可する」「電話番号の照合と通知を許可する」をオフにしておけば、Twitterに登録したメールアドレスや電話番号から、自分のアカウントが知人に知られることを防げる

105
Twitter
苦手な話題を
タイムラインから
シャットアウト

Twitterで見たくない内容を非表示にする「ミュート」機能は、アカウント単位で登録するだけでなく、特定のキーワードを登録しておくことも可能だ。キーワードでミュートしておけば、単語やフレーズ、ハッシュタグなども含め

て非表示になるので、不快な話題や知りたくない情報がタイムラインに流れないようにできる。Twitterの「設定とプライバシー」を表示して、以下で解説したように「ミュートするキーワード」からキーワードを追加しよう。

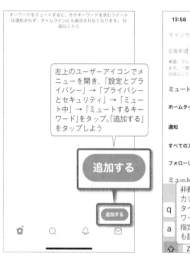

左上のユーザーアイコンでメニューを開き、「設定とプライバシー」→「プライバシーとセキュリティ」→「ミュート中」→「ミュートするキーワード」をタップ。「追加する」をタップしよう

非表示にしたいキーワードを入力して、「保存」をタップしよう。タイムラインや通知など、キーワードをミュートする場所を指定したり、ミュートする期間も設定したりもできる

106
Twitter
長文をまとめて
ツイートする
方法

Twitterでは1つのツイートにつき140文字までの文字制限がある。投稿したい内容が140文字以上になりそうなときは、複数のツイートに分けて投稿するのが一般的だ。しかし、複数のツイートはタイムライン上でバラバラに

表示される可能性が高くなってしまう。そこで使いこなしたいのが「スレッド」機能。これは、自分のツイートにリプライを付けることで、ツイートの続きを書ける仕組み。これなら一連のツイートがまとまって表示されるようになる。

ツイートの投稿画面で文字を入力し、140文字をオーバーしそうになったら、画面右下の「+」ボタンをタップ

複数のツイートに分けて入力することができる。「すべてツイート」をタップすれば投稿完了だ

107
Twitter
特定ユーザーの
ツイートを
見逃さないようにする

Twitterアプリでは、特定ユーザーがツイートしたときに、プッシュ通知を受け取ることができる。好きなショップのセール情報や、めったに発言しないアーティストのツイートなどを見逃したくない人は設定しておこう。Twitterア

プリのプッシュ通知については、左上のユーザーアイコンからメニューを開き、「設定とプライバシー」→「通知」→「プッシュ通知」で設定できる。ちなみに、SMSやメールでもあらかじめ設定しておけば通知が可能だ。

Twitterアプリでプッシュ通知をオンにしたいアカウントのツイートをタップしたら、アカウント名をタップ。画像のようなページが表示されるので、ベルのマークをタップしよう

「すべてのツイート」もしくは「ライブ放送のツイートのみ」をタップすれば、そのアカウントのプッシュ通知が有効になる

108
Instagram
Instagramへの
投稿を他のSNS
でも知らせる

Instagramに投稿した写真は、FacebookやTwitterなど他のSNSにも同時に投稿できる。Instagramアプリの画面右下にある人型ボタン→右上の三本線ボタン→「設定」→「アカウント」→「リンク済みのアカウント」を

タップし、FacebookやTwitterと連携を済ませておこう。Instagramの新規投稿時に、連携した他のSNSにも投稿するよう選択できるようになる。ただしTwitterと連携した場合は、写真へのリンクが投稿される。

Instagramのプロフィール画面を開き、右上のメニュー（三本線）ボタンから「設定」→「アカウント」→「リンク済みのアカウント」をタップ。他のSNSと連携を済ませておく

Instagramに投稿する際は、確認画面で同時に投稿したいSNSのスイッチをオンにしよう。Instagramに投稿した写真が、選択したSNSにも同時に投稿される

109 | ニュース | 最新ニュースをいち早くまとめてチェック

ニュースと世間の話題をチェックする定番中の定番

iPhone では、標準で用意されている「News」ウィジェットで、主要なニュースサイトの最新ニュースをチェックできるが、表示件数が少ない上、カテゴリも選べず、機能的にはかなり物足りない。日々のニュースチェックには、24 時間体勢で多種多様な情報をスピーディに発信し、ニュースの共有やテーマ機能も備えた「Yahoo! ニュース」アプリがおすすめだ。

App

Yahoo!ニュース
作者／Yahoo Japan Corp.
価格／無料

1 カテゴリ別のタブでニュースをチェック

画面を下へスワイプして表示される虫眼鏡ボタンをタップすると、ニュースをキーワード検索できる

ニュースはジャンルごとに表示される。画面上部のタブを切り替えて、気になる最新ニュースを確認しよう。タブの切り替えは画面の左右スワイプでも可能だ。

2 ニュースの記事を表示する

下部の吹き出しをタップすると、すぐにユーザーコメント欄に移動する

記事タイトルをタップして、「続きを読む」をタップすると全文表示。下にスクロールすると、関連ニュースやユーザーコメントも確認できる。

3 関心のある話題をテーマで確認する

テーマは、最新の話題から選んだり、キーワードで探すことができる。「テーマ」タブで「テーマを探す」をタップし、気になるテーマの「＋」をタップして登録しよう

Yahoo! ID でログインして関心のあるテーマを登録すれば、「テーマ」タブに該当するニュースだけをリストアップすることもできる。

---

110 | パスワード管理 | Androidとも同期できるパスワード管理アプリ

登録したIDとパスワードの自動入力にも対応

iPhone は、強力なパスワードを自動生成して iCloud キーチェーンに保存し、ワンタップでログインできる（No174 で解説）。ただ、iCloud キーチェーンのパスワードは、iOS デバイスと Mac でしか共有できない。Android や Windows とも共有するなら、この「1Password」でパスワードを管理するのがおすすめだ。パスワード自動入力にも対応し、iCloud キーチェーンと同じ操作で利用できる。

App

1Password
作者／AgileBits Inc.
価格／無料

1 登録を済ませマスターパスワードを設定

マスターパスワードはすべてのパスワードの確認に必要なので、忘れないように。なお、「サインアップ」ではなく「スタンドアロン保管庫を作成」を選択すれば無料で使えるが、他のデバイスとパスワードを共有できない

「サインアップ」で月額 450 円／年額 3900 円のサブスクリプションに登録する（最初に半年分の前金 980 円がかかる）。次にマスターパスワードを作成しておこう。

2 ログイン情報を登録していく

ここをタップすると、ランダムで強固なパスワードを生成できる

「カテゴリー」タブ右上の「＋」→「ログイン」でサービスを選択し、ログイン情報を登録していこう。主要なサービスはあらかじめリストアップされている。

3 Webサイトやアプリで自動ログインする

「設定」→「パスワード」→「パスワードを自動入力」のスイッチをオンにし、「1Password」にチェックを入れる。1Password ですべて管理するなら、「iCloud キーチェーン」のチェックは外したほうがよい

タップすると、1Password で保存したログイン情報が自動入力される

iPhone の「設定」→「パスワード」で「1Password」にチェックして連携すれば、ログイン画面のキーボード上部にパスワード候補が表示され、タップするだけで自動入力できる。

111
あとで読む

気になったサイトを「あとで読む」ために保存する

保存したページは各種デバイスで確認できる

Safari の「リーディングリスト」を使えば、気になる Web ページをあとから読めるように保存しておけるが、基本的に Mac や iOS デバイスでしか同期できない。Windows や Android 端末とも同期したい場合は、この「Pocket」がおすすめだ。Twitter をはじめとした SNS アプリの投稿など、保存できる対象も幅広く、後でチェックしたい情報の一元管理に活躍する。

App
Pocket
作者／Read It Later, Inc
価格／無料

1 SafariでPocketのボタンを有効にする

「編集」をタップし、「Pocket」の「＋」をタップして、よく使う項目に追加しておく

Pocket を起動してログインを済ませたら、Safari を起動。下部中央の共有ボタンから「その他」をタップし、「Pocket」をよく使う項目に追加しておこう。

2 あとで読みたいページを保存する

Safari や他のブラウザなどで、あとで読みたい Web ページを開き、共有ボタンをタップ。続けて「Pocket」ボタンをタップすれば、表示中のページが保存される。

3 保存したページをPocketアプリで読む

Pocket を起動すると、保存したページが一覧表示される。読みたい記事をタップすれば、モバイル向けに最適化されたページが開き、オフラインでも読むことができる。また左上のヘッドホンボタンをタップすると、記事を音声で読み上げてくれる。作業をしつつイヤホンでニュースをチェックしたい時に便利

112
遠隔操作

iPhoneからパソコンを遠隔操作する

サーバーソフトを起動するだけでリモート操作できる

パソコンの資料を出先の iPhone で見たいが、クラウドに保存しておくには容量が足りないし、いちいち iPhone にダウンロードするのも面倒……という時に便利なのが、リモートデスクトップアプリ「TeamViewer」だ。パソコン側で専用のサーバーソフトを起動し、表示された ID とパスワードを iPhone のアプリ側に入力するだけで、パソコンを遠隔操作できる。

App
TeamViewer: Remote Control
作者／TeamViewer
価格／無料

1 サーバーソフトをインストールして起動

使用中のID
502 476 835
パスワード
k83f8d

公式サイト（http://www.teamviewer.com/）からサーバーソフトを入手し、パソコンにインストールしておく。起動したら、「遠隔操作を受ける許可」欄に、ID とパスワードが表示されるので、iPhone 側のアプリで入力しよう。パスワードは TeamViewer を起動するたびに変更されるが、「その他」→「オプション」→「セキュリティ」で「個人的なパスワード」を設定すれば、毎回同じパスワードで接続可能だ。

2 TeamViewerアプリを起動する

iPhone 側で TeamViewer アプリをインストール、起動したら、入力フォームに ID を入力し「リモートコントロール」をタップ、続けてパスワードを入力。

3 iPhoneからパソコンを操作する

「∧」をタップしてメニューを表示し、「×」で接続終了。カミナリマークのボタンをタップすると、パソコンの再起動も行える。

iPhone からパソコンを遠隔操作できるようになった。画面右下の「∧」ボタンをタップして、キーボードや設定などの各種メニューを利用可能だ。

4

写真・
音楽・動画

いつも持ち歩くiPhoneは、カメラや
ミュージックプレイヤー、動画プレイヤーとしても
大活躍。写真の加工や共有、
ビデオの編集だってお手のもの。
これを機会にApple Musicも試してみよう

113

カメラ | カメラの露出を
手動で調整し固定する

撮影前に
露出補正機能で
設定しておける

　iPhoneのカメラは撮影時に露出を手動で調整できるが（No119で解説）、iPhone 11以降の機種なら、あらかじめ露出レベルを調整して固定したまま撮影できるようになっている。カメラ上部の「∧」ボタンをタップしてメニューを開き、「±」ボタンをタップすると、露出レベルを−2.0から＋2.0の範囲で調整可能だ。固定した露出レベルは次回カメラを起動した際にリセットされるが、「設定」→「カメラ」→「設定を保持」→「露出保持」をオンにしておけば、前回設定した露出レベルのままカメラが起動するようになる。

1 「±」ボタンを
タップする

タップ

カメラ上部の「∧」をタップするか画面を上にスワイプすると、シャッターの上部にメニューが開くので、「±」ボタンをタップしよう。

2 スライダーで
露出レベルを調整

ドラッグして調整。＋でより明るく、−で暗く撮影できる

露出補正のスライダーを左右にドラッグし、−2.0から＋2.0の範囲で露出を調整しよう。露出レベルをその数値に固定したまま撮影できる。

3 次回も同じ露出
設定で起動する

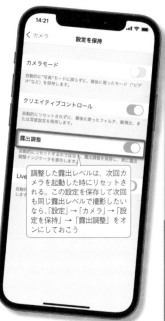

調整した露出レベルは、次回カメラを起動した時にリセットされる。この設定を保存して次回も同じ露出レベルで撮影したいなら、「設定」→「カメラ」→「設定を保持」→「露出調整」をオンにしておこう

114

カメラ | 音量ボタンで
さまざまな撮影を行う

音量ボタンで
QuickTakeや
バーストも可能

　iPhoneのカメラは、端末の側面にある音量ボタンでも撮影できる。また音量ボタンを長押しすると、QuickTake機能で素早くビデオ撮影が開始され、指を離すとビデオ撮影を終了する。特に横向きで構えている時は便利な操作なので覚えておこう。また、設定で「音量を上げるボタンをバーストに使用」をオンにすれば、音量を上げるボタンがバーストモードの連写に、下げるボタンがQuickTakeビデオ撮影になる。なお、「EarPods」イヤホンの音量ボタンでもシャッターを切れるが、バーストモードの連写やQuickTakeビデオは撮影できない。

1 音量ボタンで
シャッターを切る

音量ボタンのどちらかを押す

画面内のシャッターボタンをタップしなくても、音量ボタンの上下どちらかを押せばシャッターを切れる。カメラを横向きに構えた時に便利だ。

2 音量ボタンで
QuickTakeを撮影

音量ボタンのどちらかを長押し

音量ボタンを長押しすると、ビデオモードに切り替えなくても「QuickTake」機能で素早くビデオを撮影できる。指を離すとビデオ撮影が終了する。

3 バーストモードを
割り当てるには

14:43

＜設定　カメラ

フォーマット
ビデオ撮影　1080p/30 fps
スローモーション撮影　1080p/240 fps
ステレオ音声を　オンにする
設定を保持
音量を上げるボタンをバーストに使用
QRコードをスキャン

構図
グリッド
前面カメラを左右反転
フレームの外側を表示

写真撮影
シーン検出
イメージをインテリジェントに認識して、さまざまなシーンの写真をより美しくします。

より速い撮影を優先

「設定」→「カメラ」→「音量を上げるボタンをバーストに使用」をオンにすると、音量上がバーストモード、音量下がQuickTakeビデオ撮影になる。

115 | カメラ | iPhone 12シリーズの
カメラはここが凄い

暗所での撮影と
ビデオ撮影の
性能がアップ

iPhone 12 シリーズのカメラは、12 と 12 mini が超広角・広角のデュアルレンズ、12 Pro と 12 Pro Max が望遠を加えたトリプルレンズ構成だ。暗所の撮影性能が向上し、すべてのレンズでナイトモード（No117で解説）が使えるほか、Dolby Vision 方式の HDR ビデオ撮影にも対応した。さらに Pro と Pro Max のみ、レーザーで奥行きを測る「LiDAR スキャナー」を搭載。暗所での AF 性能が最大で 6 倍速くなり、ナイトモードでもポートレート撮影できる。Pro と Pro Max は 2020 年内に RAW 撮影にも対応予定なので、カメラにこだわるなら上位モデルがおすすめだ。

1 ナイトモード撮影
がさらに進化

Pro と Pro Max で可能なナイトモードのポートレート撮影は、広角カメラの等倍時（1x）のみ対応

超広角レンズや前面カメラもナイトモードに対応し、暗い場所でも鮮やかな写真を撮影できる。また Pro と Pro Max なら、ナイトモードでポートレート撮影も可能だ。

2 Dolby Vision の
HDRビデオに対応

動画は Dolby Vison 方式に対応し、最大 4K/60fps（12 と 12 mini は最大 30fps）の HDR ビデオを撮影できる。撮影した HDR ビデオは写真アプリなどで編集できる。

3 光学2倍、2.5倍の
ズーム撮影が可能

ズームボタンを左右にドラッグして倍率変更

望遠レンズを搭載する Pro は光学 2 倍／デジタル 10 倍まで、Pro Max なら光学 2.5 倍／デジタル 12 倍までのズーム撮影が可能だ。

---

116 | カメラ | ナイトモードで
夜景を撮影する

撮影前に
露出補正機能で
設定しておける

iPhone 11 以降のカメラは、「ナイトモード」で夜間でも明るく撮影できる。カメラの起動時に周囲が暗いと自動でオンになり、画面左上にナイトモードのアイコンと露出秒数が表示される。この露出秒数は自動で設定されるが、iPhone を三脚などで固定した方がより長い秒数に設定されて画面が明るくなる。露出時間を手動で長くしたり、逆に 0 秒にしてナイトモードをオフにすることも可能だ。iPhone 12 シリーズは超広角レンズや前面カメラでもナイトモードが使えるほか、Pro と Pro Max ならポートレートモードでも使える（No115を参照）。

1 ナイトモードで
暗闇を明るく撮影

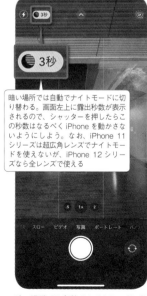

暗い場所では自動でナイトモードに切り替わる。画面左上に露出秒数が表示されるので、シャッターを押したらこの秒数はなるべく iPhone を動かさないようにしよう。なお、iPhone 11 シリーズは超広角レンズでナイトモードを使えないが、iPhone 12 シリーズなら全レンズで使える

暗い場所では自動でナイトモードに切り替わる。画面左上に露出秒数が表示されるので、シャッターを押したらこの秒数はなるべく iPhone を動かさないようにしよう。

2 露出時間を手動で
調整する

左上に表示されたナイトモードのアイコンをタップすると、下部にスライダーが表示され、露出時間をより長く設定したり、ナイトモードをオフにできる。

左上に表示されたナイトモードのアイコンをタップすると、下部にスライダーが表示され、露出時間をより長く設定したり、ナイトモードをオフにできる。

3 ナイトモードで
自撮りもできる

iPhone 12 シリーズは前面カメラを含めてすべてのレンズがナイトモードに対応しているので、夜景をバックにした自撮りなども鮮やかに撮影できる

写真・音楽・動画

写真加工

写真アプリで撮影した写真を詳細に編集する

明るさや色合いを自分好みに変更しよう

iOSの「写真」アプリでは、写真の閲覧機能だけでなく十分なレタッチ機能も搭載されている。トリミングや回転、フィルタ、色調整機能などが用意されており、撮影した写真をその場でさらに美しく仕上げることができるのだ。まずは写真アプリから編集したい写真をタップして開こう。画面右上の「編集」ボタンをタップすると編集画面になるので、各種レタッチを行っていく。作業が面倒な場合は、編集画面の下部にある「自動」ボタンをタップすれば、最適な色合いに自動補正することも可能。なお、「元に戻す」で加工処理はいつでも取り消せる。

1 写真を選択して編集ボタンをタップ

写真アプリ内で編集、加工したい写真を選んでタップ。続けて画面右上の「編集」をタップしよう。写真の編集画面に切り替わる。

2 編集画面でレタッチを行う

編集画面では、「調整」メニューで「自動」「露出」「ブリリアンス」などの各種エフェクトボタンが表示され、明るさや色合いを自由に調整できる。

3 比率の変更やトリミングも簡単

トリミングボタンをタップすると、四隅の枠をドラッグしてトリミングできるほか、傾きを修正したり、横方向や縦方向の歪みも補正できる。

118

写真加工

写真のぼけ具合や照明を後から変更する

ポートレートモードで撮影した写真を編集

iPhone X以降のカメラアプリには、背景をぼかしたり照明の当て方を変えた写真を撮影できる「ポートレート」モードが用意されている。このポートレートモードで撮影した写真は、あとからでも「写真」アプリで、ぼかし具合や照明エフェクトを自由に編集可能だ。被写界深度はF1.4～F16の間で調節でき、照明エフェクトは自然光／スタジオ照明／ステージ照明などを選択できる。うまく被写体を浮かび上がらせて、一眼レフで撮影したような写真に仕上げよう。なお、ポートレートモードは、背面カメラだけでなくインカメラでも利用できる。

1 写真アプリで編集画面を開く

「写真」アプリで「アルバム」→「ポートレート」をタップし、撮影したポートレート写真を開いたら、右上の「編集」ボタンをタップする。

2 照明エフェクトを変更する

下部の照明エフェクトをドラッグすれば、他の照明効果に変更できる。上部の「ポートレート」ボタンをタップしてオフにすると、ポートレートの効果は削除される。

3 被写界深度を変更する

左上の「f」ボタンをタップすると、下部のスライダーで被写界深度を変更できる。数値が小さいほど、背景のぼかし具合が強調される。

119 カメラの露出を手動で調整する

カメラ

iPhoneのカメラは、画面が明るくなりすぎたり、暗い場所の被写体をどうしても写したい場合に、手動で露出を変更できるようになっている。あらかじめ露出を固定してから撮影する方法もあるが（No113で解説）、今撮影中の場面に限って露出を調整したい時は、まず画面内をタップして被写体にフォーカスを合わせよう。そのまま画面を上下にスワイプすると、フォーカスはそのままの状態で、写真の明るさを変更することが可能だ。

撮影時に画面をタップすると、その場所にフォーカスと露出が自動で合う

写真が明るいもしくは暗い場合は、画面をタップしたあと、上下にスワイプして露出を手動調整しよう

120 左右反転したセルフィーを撮影する

カメラ

iPhoneのフロントカメラでセルフィーを撮影すると、保存された写真は左右が逆になっている。向きとしてはこちらが正しいのだが、普段鏡で見慣れた顔と異なるので違和感を覚える人もいるだろう。鏡で見る自分の顔をそのまま撮影したいなら、「設定」→「カメラ」→「前面カメラを左右反転」をオンにしよう。カメラに写ったそのままの向きで写真が保存される。なお、写真アプリの編集モードで、あとから左右を反転することも可能だ。

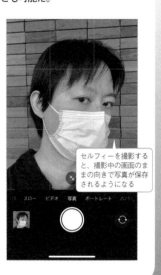

「設定」→「カメラ」→「前面カメラを左右反転」をオンにしておく

セルフィーを撮影すると、撮影中の画面のままの向きで写真が保存されるようになる

写真・音楽・動画

121 きっちり真上から撮影したい時は

カメラ

「設定」→「カメラ」→「グリッド」をオンにした状態でカメラを起動すると、画面が縦横の線で9分割に表示され、被写体の水平と垂直に気を付けつつ撮影できる。またこのグリッドは水準器としての機能も備えており、カメラを下に向けると、白と黄色の十字マークが表示されるようになっている。この2個の十字マークをきっちり重ね合わせた状態で撮影すると、正確に真上から撮影することが可能だ。グリッドの線が写真に写ることはない。

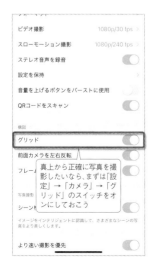

真上から正確に写真を撮影したいなら、まずは「設定」→「カメラ」→「グリッド」のスイッチをオンにしておく

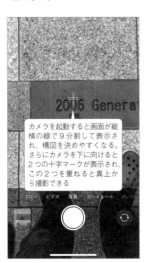

カメラを起動すると画面が縦横の線で9分割して表示され、構図を決めやすくなる。さらにカメラを下に向けると2つの十字マークが表示され、この2つを重ねると真上から撮影できる

122 写真の加工や編集を後から元に戻す

写真加工

写真アプリでさまざまな編集を加えて写真を加工すると、編集後の写真がサムネイル表示されるため上書き保存されたように見えるが、元のデータはしっかり残っているので、いつでもキャンセルして元のオリジナル写真に戻すことが可能だ。まず加工済みの写真をタップして開き、「編集」をタップしよう。すると、右下に「元に戻す」と表示されるので、これをタップして「オリジナルに戻す」をタップすればよい。

写真アプリで加工済みの写真を開いて「編集」をタップ。右下に「元に戻す」と表示されているので、これをタップしよう

「オリジナルに戻す」をタップすると、この写真に対して加えた編集はすべて削除され、元のオリジナル写真に戻すことができる

123 シャッター音を鳴らさず写真を撮影する

カメラ

日本版 iPhone は、標準カメラのシャッター音を消せない仕様になっており、以前の裏技的な無音設定もすべて使えなくなっている。静かに撮影したい時は、無音撮影が可能な他のカメラアプリを利用しよう。

App

Microsoft Pix
作者／Microsoft Corporation
価格／無料

Microsoft のカメラアプリ「Microsoft Pix」で無音撮影するには、まず「設定」→「Microsoft Pix」→「シャッター音」のスイッチをオフにする

これで、Microsoft Pix で写真やビデオを撮影してもシャッター音が鳴らなくなる。なお、スクリーンショット撮影時（No029 で解説）のシャッター音は、本体側面のサイレントスイッチをオフにするだけで無音になるので、覚えておこう（カメラ起動時は除く）

124 常にスクエアモードでカメラを起動する

カメラ

iPhone で正方形の写真を撮影するには、カメラアプリ上部の「∧」をタップするか、画面内を上にスワイプして下部にメニューを表示させ、「4:3」をタップして「スクエア」を選択すればよい。次回以降もこのスクエア比率で撮影したいなら、本体の「設定」→「カメラ」→「設定を保持」→「クリエイティブコントロール」をオンにしておこう。これで、最後に使った縦横比のままでカメラが起動するようになる。

カメラアプリ上部の「∧」をタップして、下部のメニューから「4:3」→「スクエア」をタップすると、正方形の比率で写真を撮影できる

「設定」→「カメラ」→「設定を保持」→「クリエイティブコントロール」をオンにしておけば、最後に使った縦横比が保持されるので、次回以降もスクエア比率のままでカメラが起動する

125 写真の一覧表示をピンチ操作で拡大、縮小する

iOS14

写真

写真アプリですべての写真やアルバムを開くと、写真がサムネイルで一覧表示されるが、サムネイルのサイズはピンチ操作で自由に変更することも可能だ。昔の写真からざっと探したい時は、ピンチインして縮小すれば月や年単位で素早くスクロールできる。また、似たような写真から1枚を選びたい時は、ピンチアウトで拡大して1枚ずつスクロールすると探しやすい。この操作は、メールアプリなどで添付写真を選ぶときにも使える。

写真の一覧画面でピンチインするとサムネイルが縮小表示される。月や年単位で素早くスクロールできるので、昔の写真を探しやすい

ピンチアウトするとサムネイルが拡大表示される。同じような写真から1枚を選びたい時に便利だ

126 写真アプリの強力な検索機能を活用

マスト！

写真管理

「写真」アプリは検索機能も強力で、被写体をキーワードにして写真を検出できる。下部メニューの「検索」タブを開き、「猫」や「花」といった具体的なワードで検索してみよう。ピープル、撮影地、店舗／会社名、撮影した時のイベント名などでも検索できるほか、「札幌　ラーメン」のように撮影地と被写体などの組み合わせでも絞り込み検索が可能だ。また、Siri に「札幌のラーメンの写真を探して」と話しかけて、写真を表示してもらうこともできる。

写真アプリの「検索」タブを開き、上部の検索欄にキーワードを入力しよう。その被写体が写った写真が一覧表示される。複数キーワードの組み合わせも可能だ

Siri に「港区の動物の写真を見せて」などと話しかけると、そのキーワードに合う写真が絞り込まれ表示される

127 写真に記録された位置情報を削除する
写真管理

iPhoneで撮影した写真には、撮影場所を示すGPS情報が含まれていることがある。こういった写真をネットにアップすると、自宅の位置などがバレてしまう可能性があるので危険だ。アプリで各種データを削除しておこう。

Photo Secure
作者／DIGITALNAUTS INC.
価格／無料

「Photo Secure」を起動し、「Load」をタップ。位置情報が記録されている写真は、赤字で住所が記載されている。下部の「選択」をタップして、位置情報を消したい写真を選択していこう。選択したら「プライバシー削除」をタップ

「Start」をタップすると、選択した写真の位置情報が削除され、新しい写真として別途写真アプリに保存される

128 指定した写真や動画を非表示にする
写真管理

写真アプリの「ライブラリ」タブや「アルバム」タブの「最近の項目」を開いた時に表示したくない写真は、非表示にすることができる。写真を選択後、共有ボタンをタップし、続けて「非表示」をタップするだけでOK。表示されなくなるだけで、削除されるわけではない。非表示にした写真は、「アルバム」の「非表示」アルバムにまとまっているので、選択して共有メニューで「再表示」をタップすれば、元通り表示されるようになる。

写真を選択後、共有メニューで「非表示」をタップ。続けて「○枚の写真を非表示に」をタップすればよい

「非表示」アルバムで写真を選択し、共有メニューの「再表示」をタップすれば、元通り表示されるようになる

写真・音楽・動画

---

iOS14
129 ホーム画面に好きな写真を配置する
ウィジェット

選んだ写真を指定した間隔で表示できる

iOS 14以降はウィジェット機能でホーム画面に写真を配置できる。ただし標準の写真アプリのウィジェットだと、「For You」タブで選ばれたおすすめ写真しか表示されず、自分で好きな写真を選択できない。そこで「Photo Widget」を利用しよう。自分で選んだ好きな写真を表示できるだけではなく、一定時間の経過と共に表示する写真を切り替えることも可能だ。

App

Photo Widget
（写真ウィジェット）
作者／Hyoungbin Kook
価格／無料

1 ウィジェット用のアルバムを作成

作成したアルバムをタップし、続けて「新しい写真の読み込み」をタップ。ウィジェットに表示したい写真を選択して追加しよう

アプリを起動したら、「＋」ボタンをタップし、ウィジェットに表示したい写真をまとめたアルバムを作成しておこう。

2 ウィジェットを配置する

ウィジェットをタップ。なお、アルバムを1つしか作成していないと、ウィジェット配置時に写真が表示されない。その場合は、タップして右の操作でアルバムを選択しよう

Photo Widgetのウィジェットを配置する（ウィジェット配置の基本操作はNo001で解説）。編集モードの状態のままで配置したウィジェットタップしよう。

3 ウィジェットの設定を変更する

編集モードでウィジェットをタップすると、このような設定画面が表示され、表示するアルバムや写真の更新間隔を変更できる。なお、編集モードを完了した後は、ウィジェットをロングタップして表示されるメニューで「ウィジェットを編集」を選んで、設定を表示する

写真をiCloudへバックアップする方法を整理して理解する

iPhoneの写真や動画を保存する機能の違い

iPhoneで撮影した大事な写真や動画をバックアップしておくなら、「iCloud写真」機能を使うのがおすすめだ。撮影した写真や動画がすべてiCloudへ自動アップロードされるので、iPadやパソコンからでも同じ写真ライブラリを見ることができるし、万が一iPhoneをなくしても思い出の写真がすべて消えてしまう心配もなくなる。ただし、iCloud側にもiPhoneのライブラリのすべてを保存できる容量が必要だ。無料だと5GBしか利用できないので、よく写真を撮る場合、すぐに容量が不足し追加購入が必要になる。また、写真ライブラリは同期されているため、iCloud上や他のデバイスで写真を削除するとiPhoneからも削除されてしまう（逆も同様）点にも注意が必要だ。

iCloudの容量が気になるなら、「マイフォトストリーム」を利用しよう。iCloudの容量を消費せずに、写真を自動アップロードできる機能だが、30日間の保存期限と最大1,000枚までの保存枚数制限がある。また、動画は保存できない。写真を一旦iCloudに保存し、パソコンなどにコピーしてバックアップする機能として利用しよう。

また、iCloudバックアップで「フォトライブラリ」をバックアップする方法もある。この方法だとバックアップデータの中身を見ることも編集することもできないので、かえって安心感はあるかもしれないが、こちらもiPhoneに保存された写真の容量分だけiCloudの容量を消費することとなる。手間とコストを考慮してバックアップ方法を検討しよう。

iCloud写真を利用する

1 iCloud写真をオンにする

「設定」→「写真」→「iCloud写真」をオンにすれば、すべての写真やビデオがiCloudに保存される。ただしiCloudの空き容量が足りないと機能を有効にできない。

2 端末の容量を節約する設定

iCloud写真がオンの時、「iPhoneのストレージを最適化」にチェックしておけば、オリジナルの写真はiCloud上に保存して、iPhoneには縮小した写真を保存できる。

3 写真アプリの内容は特に変わらない

iCloud写真をオンにしても、写真アプリの内容が特に変わるわけではない。ただし、同じApple IDを使ったiPadなどでもiCloud写真を有効にした場合は、写真の削除などの変更が同期されるので注意しよう。

マイフォトストリームを利用する

1 マイフォトストリームをオンにする

「設定」→「写真」→「マイフォトストリーム」をオンにすれば、iPhoneで撮影した写真がクラウド上に保存されるようになる。iCloudの容量を消費せず完全無料で使えるのがメリットだ。

2 マイフォトストリームの写真を閲覧する

マイフォトストリームの写真は、写真アプリの「マイフォトストリーム」アルバムで確認できる。ただし保存期間は最大で30日間、保存枚数は1,000枚まで。ビデオは保存されない。

POINT

フォトライブラリでバックアップする
iCloud写真がオフの時は、「フォトライブラリ」をオンにして、現時点の端末内の写真やビデオを含めたiCloudバックアップを作成できる。ただこの機能は、どのみちiCloudの容量を消費する上に中身の写真を取り出せないので、写真のバックアップには「iCloud写真」を使ったほうが便利だ。

131 写真にキャプションを追加する

写真

iPhoneで撮影した写真に個人的なメモを追記しておきたい時は、写真を上にスワイプして、「キャプションを追加」欄に記入しておこう。その日に起こった出来事などを書いておけば、フォト日記のように利用できる。また、記入したキャプションはキーワード検索でもヒットするようになるので、例えば美味しかった料理に「また食べたい」とキャプションを付けておけば、また食べに行きたい店の料理写真を素早く探し出せて便利だ。

写真アプリで写真を開いたら画面を上にスワイプ。「キャプションを追加」欄に自由にメモを入力しておこう

記入したキャプションは、「検索」画面のキーワード検索でヒットするので、タグのようにも使える

132 写真のフィルタ機能を活用する

写真

iPhoneで撮影した写真は撮影場所や人物によって自動分類され、被写体をキーワードにして検索することもできるが、複数の条件でざっくり絞り込みたい時はフィルタリング機能を使ったほうが早い。すべての写真やアルバムを開いたら、右上のオプション（…）ボタンをタップ。「フィルタ」を選択すると、お気に入り、編集済み、写真、ビデオのみを抽出できる。2つ以上の条件にチェックしてすべて当てはまる項目のみ表示することも可能だ。

「ライブラリ」タブのすべての写真や、「アルバム」タブでアルバムを開いたら、右上のオプション（…）ボタンをタップし、メニューから「フィルタ」をタップしよう

お気に入り、編集済み、写真、ビデオから、抽出したい条件にチェックすると、選んだ項目すべてに当てはまる写真やビデオが表示される

写真・音楽・動画

133 動画編集 撮影したビデオを編集、加工する

ビデオにもフィルタなどを適用できる

写真アプリを使えば、iPhoneで撮影したビデオを編集することもできる。No117で解説した写真編集と同様に、露出やハイライトを調整したり、各種フィルタ効果を適用したり、傾きを補正することが可能だ。さらにビデオの場合は、映像の不要部分をカットして抜き出し、上書き保存したり別の動画として新規保存することもできる。編集を加えたりトリミングして上書き保存したビデオは、「編集」→「元に戻す」→「オリジナルに戻す」をタップすればいつでも編集を破棄して元のビデオに戻せるので、安心して加工しよう。

1 ビデオを選択して編集ボタンをタップ

編集

タップ

写真アプリ内で編集、加工したいビデオを選んでタップ。続けて画面右上の「編集」をタップしよう。ビデオの編集画面に切り替わる。

2 ビデオの不要な部分をカットする

左右の黄色い枠をドラッグして開始位置と終了位置を指定。最後に右下のチェックボタンをタップすれば前後の部分が削除される

下部メニュー左端のボタンでトリミング編集。タイムラインの左右端をドラッグすると表示される黄色い枠で、ビデオを残す範囲を指定しよう。

3 フィルタや傾き補正を適用する

タップして調整やフィルタメニューに切り替える

下部の「調整」「フィルタ」「トリミング」ボタンをタップすると、それぞれのメニューで色合いを調整したり、フィルタや傾き補正を適用できる。

134

写真管理

削除した
写真やビデオを
復元する

写真アプリで写真やビデオを削除した場合、データはすぐに消されず、しばらくの間「最近削除した項目」アルバム内に残っている。そのため、あとで削除を取り消したいと思った時に復元が可能だ。復元の手順は、まず写真アプリを開き、画面下部で「アルバム」を選択。「最近削除した項目」をタップすると削除した写真やビデオを表示できるので、「選択」して「復元」をタップしよう。なお、削除してから30日間経過すると完全に削除されてしまうので要注意。

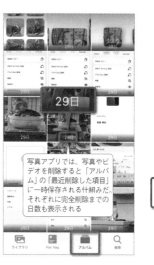

写真アプリでは、写真やビデオを削除すると「アルバム」の「最近削除した項目」に一時保存される仕組みだ。それぞれに完全削除までの日数も表示される

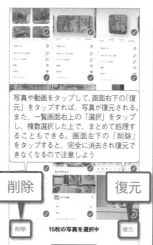

写真や動画をタップして、画面右下の「復元」をタップすれば、写真が復元される。また、一覧画面右上の「選択」をタップし、複数選択した上で、まとめて処理することもできる。画面左下の「削除」をタップすると、完全に消去され復元できなくなるので注意しよう

削除　復元

15枚の写真を選択中

135

動画編集

動画の隠したい
箇所にモザイクを
かける

iPhoneで撮影したビデオをSNSなどに上げたくても、人の顔などが映り込んでいると気軽にアップできない。そんな時はこのアプリの出番。顔だけを自動でぼかしたり、指でなぞった部分をぼかすことができる。

App

動画モザイクアプリ
作者／Yu Abe
価格／無料

アプリを起動したら、モザイクをかけたいビデオを選んで「選択」をタップする

「顔」や「指でなぞる」などモザイクのタイプを選択しよう。あとは右上のチェックマークボタンをタップすれば、モザイクが適用された新しいビデオが保存される

136

ミュージック

iPhone内の
すべての曲を
シャッフル再生

ミュージックアプリのライブラリ画面で「アルバム」や「曲」をタップし、上部に表示された「シャッフル」ボタンをタップすると、ライブラリに追加されているすべての曲を対象にシャッフル再生を利用できる。現在再生中のアルバムやプレイリストをシャッフル再生したいなら、画面下のプレイヤー部をタップして再生画面を開き、右下にある三本線ボタンをタップしよう。プレイリスト画面に切り替わり、シャッフルボタンとリピートボタンが表示される。

ライブラリの「アルバム」や「曲」をタップし、上部に表示された「シャッフル」ボタンをタップすれば、ライブラリ内のすべての曲を対象にシャッフル再生できる

現在再生中の曲のリストをシャッフル再生したいなら、画面下のプレイヤー部をタップして再生画面を開き、右下にある三本線ボタンをタップ。リスト上部のシャッフルボタンをタップすればよい。リピートボタンも表示される

137

タイマー

タイマー終了時に
音楽や動画を
停止する

標準アプリの「時計」を使うと、ミュージックアプリやPodcastの再生をタイマーでオフにすることができる。まずは時計を起動し、「タイマー」画面の「タイマー終了時」をタップしよう。画面の一番下に「再生停止」という項目があるので、チェックを付けて「設定」をタップ。あとは寝る前にタイマーを開始して音楽を流しながら眠れば、セットした時間後に再生が自動停止するようになる。音楽を再生するほとんどのアプリで利用できる機能だ。

「時計」アプリを起動したら、「タイマー」画面にして「タイマー終了時」をタップ

一番下の「再生停止」にチェックして「設定」をタップ。あとはタイマーをセットして音楽やPodcastを再生すれば、設定時間後にオフになる

再生停止

138 | ミュージック | 数百万曲聴き放題の Apple Musicを利用する

月額980円で約7,000万曲が聴き放題になる

月額980円で国内外の約7,000万曲が聴き放題になる、Appleの定額音楽配信サービス「Apple Music」。簡単な利用登録を行うだけで、Apple Musicの膨大な楽曲をミュージックアプリで楽しめるようになる。毎月CDを最低1枚でも買うような音楽好きなら、必須とも言えるお得なサービスだ。Apple Musicの楽曲は、ストリーミング再生できるだけでなく、端末にダウンロード保存も可能。解約するまではCDから取り込んだ曲やiTunes Storeで購入した曲と同じように扱うことができる。ただし、曲を端末内にダウンロードするには、「設定」→「ミュージック」→「ライブラリを同期」（No139で解説）をオンにする必要があるので、あらかじめ設定しておこう。また、ストリーミングやダウンロードにモバイルデータ通信を利用するかどうかも、最初に設定しておきたい。

Apple Musicは、スタンダードな月額980円の「個人」プランに加え、ファミリー共有機能で家族メンバー6人まで利用できる月額1,480円の「ファミリー」、学割で月額480円で利用できる「学生」など、複数のプランが用意されている。なお、初回登録時のみ3ヶ月間無料で利用することが可能だ。ただし、無料期間が過ぎると自動更新で課金が開始されるので注意しておこう。右で自動更新の停止方法も解説しているので、こちらもチェックしておくこと。

▶ Apple Musicに登録してみよう

1 Apple Musicに登録する

Apple Musicに登録する場合は、「設定」→「ミュージック」画面を表示。「Apple Musicを表示」を有効にした状態で「Apple Musicに登録」をタップしよう

まずは「設定」→「ミュージック」画面でApple Musicに登録しておこう。月額980円で利用する。初回登録時は3ヶ月無料で利用することができる。

2 契約するプランを選択する

通常は「個人」を選択。家族で利用する場合や、複数の端末で同時に利用したい場合は「ファミリー」を選択しよう

「すべてのプランを表示」をタップしてプランを選択。月額980円の「個人」、ファミリー共有機能で6人まで利用できる「ファミリー」、在学証明が必要な「学生」などのプランがある。

3 Apple Musicを楽しもう

Apple Musicに登録したらミュージックアプリで検索ボタンをタップ。「Apple Music」を選んで気になるアーティストでキーワード検索してみよう。曲をタップすれば再生が始まる

▶ Apple Musicを使う上で知っておきたい操作

1 モバイルデータ通信を使いたい場合は

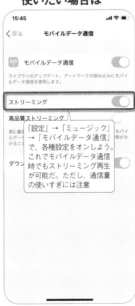

「設定」→「ミュージック」→「モバイルデータ通信」で、各種設定をオンしよう。これでモバイルデータ通信時でもストリーミング再生が可能だ。ただし、通信量の使いすぎには注意

Apple Musicの曲は、標準状態だとWi-Fi環境でのみストリーミング再生される。モバイルデータ通信でもストリーミング再生したい場合は、上のように設定を変更しておこう。

2 端末内に楽曲をダウンロードする

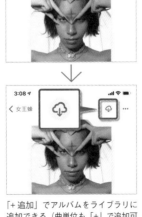

「+追加」でアルバムをライブラリに追加できる（曲単位も「+」で追加可能）。ライブラリ追加後はクラウドマークに変わり、タップして端末内にダウンロードが可能。ただし、事前に「設定」→「ミュージック」→「ライブラリを同期」のスイッチをオンにする必要がある。できるだけWi-Fi接続時にダウンロードしておこう。

POINT

Apple Musicの自動更新をオフにする

Apple Musicメンバーシップの自動更新を停止するには、ミュージックの「今すぐ聴く」にあるユーザーアイコンをタップし、「サブスクリプションの管理」→「サブスクリプションをキャンセルする」をタップ。試用期間後に自動更新で課金したくないなら、この操作でキャンセルしておこう。

写真・音楽・動画

139

音楽管理 | 「ライブラリを同期」を利用する

パソコンと接続して同期する作業が一切不要になる

「ライブラリを同期」とは、Apple Music に付随するサービスで、パソコンの iTunes ライブラリにある全音楽およびプレイリストを、iCloud 経由で他端末と同期できる機能だ。簡単に言えば、従来パソコンと iPhone を接続して音楽を同期していた作業が、クラウド経由で自動同期が可能になったということ。ただし、Apple Music を解約すると iCloud 上の曲がすべて消えるので、元の曲ファイルは削除しないように注意しよう。なお、曲をアップロードしても個人の iCloud ストレージ容量は消費されない。

1 Apple Musicに登録する

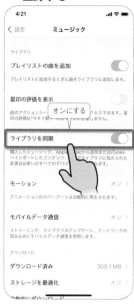

まずは Apple Music に登録（No138参照）しておき、「設定」→「ミュージック」→「ライブラリを同期」を有効にしよう。

2 iTunesでライブラリをアップロード

パソコンで iTunes を起動し、iCloud ミュージックライブラリをオンにする。あとは「ファイル」→「ライブラリ」→「iCloud ミュージックライブラリをアップデート」を実行すれば、現在のライブラリがクラウド上にすべてアップロードされる。

3 「ミュージック」で再生できるように

同期された曲はすべてストリーミング再生が可能だ。曲やアルバムごとにクラウドボタンをタップすれば、端末内にダウンロード保存することもできる

140

ミュージック | 歌詞をタップして聴きたい箇所へジャンプ

ミュージックアプリでは、歌詞が設定された曲を再生すると、再生に合わせて歌詞をハイライト表示しながら表示できる。また、歌詞をスクロールして、聴きたい箇所をタップすると、その位置にジャンプして再生することが可能だ。歌詞を表示するには、下部のプレイヤー部をタップして再生画面を開き、左下の吹き出しボタンをタップすればよい。なお、歌詞の全文を表示したい時は、再生画面の「…」→「歌詞をすべて表示」をタップする。

プレイヤー部をタップして再生画面を開こう。歌詞表示に対応した曲は、左下の吹き出しボタンが有効になっているので、これをタップ

カラオケのように、曲の再生に合わせて歌詞がハイライト表示される。また、スクロールして歌詞をタップすると、その場所から再生が開始される

141

ミュージック | 歌詞の一節から曲を探し出す

ミュージックアプリで Apple Music の曲を検索する際は、アーティスト名や曲名だけでなく、歌詞の一部を入力してもよい。曲の歌い出しやサビなど、歌詞の一部さえ覚えていれば、目的の曲を探し出せる。カバー曲や、オマージュで歌詞の一部が使われている曲の、元ネタを探したい時などにも便利。ただし、Apple Music のすべての曲を検索できるわけではなく、歌詞が登録されている一部の曲のみが検索対象となる。

曲名やアーティスト名を忘れてしまったら、ミュージックアプリで「検索」タブを開き、覚えている歌詞の一部をキーワードに検索してみよう

そのフレーズを歌詞に含む曲が表示される。「歌詞：○○○○」と表示されているものが、歌詞でヒットした楽曲になる

マスト！

142 | ミュージック | 発売前の新作も ライブラリに 登録しておこう

Apple Musicには、今後リリースされる新作もあらかじめ登録されていることが多い。好きなアーティストが新作の情報を解禁したら、まずはApple Musicで検索してみよう。作品がヒットしたら、「追加」ボタンをタップしてライブラリに先行追加しておきたい。リリース日になったら、通知されライブラリのトップに表示される。また、先行配信曲が追加された際も、ライブラリのトップに現れるので、いち早くチェックしたいなら必ず先行追加しておこう。

「見つける」タブにある、「まもなくリリース」欄で、近日配信予定の注目作品をチェックすることもできる。「まもなくリリース」の「すべて見る」をタップして一覧表示しよう

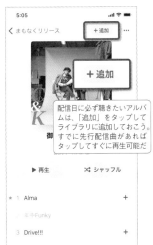

配信日に必ず聴きたいアルバムは、「追加」をタップしてライブラリに追加しておこう。すでに先行配信曲があればタップしてすぐに再生可能だ

143 | 音楽配信 | 無料で 聴き放題の 音楽配信サービス

5,000万曲以上の音楽が聴き放題となる音楽配信サービス「Spotify」。無料でもすべての楽曲にアクセスできるのが魅力だ。ただし、無料会員の場合は、必ずアーティスト単位かアルバム単位でのシャッフル再生となり、音声CMも挿入される。

App

Spotify
作者／Spotify Ltd.
価格／無料

無料会員ではシャッフル再生のみ。曲単位で指定して再生することはできない。月額980円のプレミアム版では、好きな曲を指定して聴けるのはもちろん、曲のダウンロードも行える

「My Library」で、お気に入り登録したアルバムやアーティスト、最近再生した曲を確認。プレイリストも作成できる。なお、無料版では、My Library内でもすべてシャッフル再生となる

写真・音楽・動画

---

144 | 動画保存 | YouTubeの動画を ダウンロードする

端末に保存して オフラインで 楽しめる

YouTubeの動画を端末に保存してオフラインで楽しみたいなら、このアプリを利用しよう。内蔵ブラウザでYouTubeにアクセスし、保存したい動画を開いてダウンロードボタンをタップするだけで、端末に保存できる。保存した動画はオフラインで再生できる他、バックグラウンド再生も可能だ。ただし、無料版でのダウンロードは1日6回までに制限される。

App

動画保存 ～ どうが再生 アプリ WeBox
作者／JIA YE YUAN
価格／無料

1 内蔵ブラウザで YouTubeを開く

タップ

アプリを起動したら、「ソース」タブに「YouTube」のボタンが用意されているので、これをタップ。YouTubeのページが開くので、保存したい動画を探そう。

2 動画の再生画面で ダウンロードをタップ

タップして保存。無料版だとダウンロードできるのは1日6回まで

YouTubeビデオの再生画面を開くと、右下にダウンロードボタンが表示されるのでタップ。「オフライン」をタップして保存先を指定すればダウンロードできる。

3 ダウンロードした 動画を再生する

タップ

フォルダ

内蔵ブラウザを閉じ、下部メニューの「フォルダ」をタップすれば、ダウンロードした動画を確認できる。オフラインで再生できるほか、バックグラウンド再生にも対応する。

65

145 YouTubeの再生オプションを利用する

動画共有

YouTube の公式アプリを利用して動画を再生している場合、再生画面の左右端をダブルタップすることで、10 秒単位でのスキップが可能だ。また、オプションから動画の再生速度を変化させることもできるので覚えておこう。

App

YouTube
作者／Google, Inc.
価格／無料

動画再生中は、再生画面の左右端をダブルタップすることで、10 秒単位でのスキップが可能だ。連続してタップすれば、スキップする秒数も増える

タップ

動画の再生速度を変更することも可能だ。右上のオプションメニューボタンから「再生速度」を選択しよう

146 快適すぎるYouTubeの有料プラン

YouTube

YouTube のヘビーユーザーなら、有料プラン「YouTube Premium」への加入も検討しよう。動画再生時に広告が一切表示されなくなるほか、オフライン再生やバックグラウンド再生も可能になる。また、YouTube Music と Google Play ミュージックの有料機能も、追加料金なしで使える。なお、パソコンや Android 端末で購入すれば月額 1,180 円だが、iPhone アプリから登録した場合は月額 1,550 円と割高になるので注意しよう。

YouTube アプリでアカウント画面を開き、「YouTube Premium に登録」をタップすると購入できる。1ヶ月または 3ヶ月間の無料試用が可能だ。ただし iPhone のアプリからだと月額 1,550 円になるので、できれば月額 1,180 円で済むパソコンか Android 端末で購入しよう

YouTube Premium に加入すると、動画再生時に広告が表示されない。また「オフライン」ボタンで端末内にダウンロードしてオフラインで再生できるほか、バックグラウンド再生も可能になる

147 聴き逃した番組も後から聴けるラジオアプリ

ラジオ

「radiko」は国内で放送されているラジオ番組をネット経由で聴取できるアプリだ。無料だと現在地で放送されている番組に限られるが、月額 350 円のプレミアム会員なら、全国のラジオ放送をエリアフリーで聴くことが可能。

App

radiko
作者／radiko Co.,Ltd.
価格／無料

「ライブ」画面では、現在地のエリアで放送中のラジオ番組が一覧表示される。下部メニューの「番組表」画面では、タイムフリー機能により過去 1 週間の番組を聴取可能。ただし、再生開始から 24 時間以内、合計 3 時間までの利用制限がある

プレミアム会員（月額 350 円／税別）なら、現在地エリア以外の全国のラジオ番組も聴ける。エリアは左上の「エリアフリー」ボタンで切り替えよう

148 Siriにおすすめの音楽をかけてもらう

ミュージック

音声アシスタント機能の Siri（No016 で解説）は、Apple Music とも連携できる。たとえば、「私の好きそうな曲を流して」と Siri に話しかければ、Apple Music の再生履歴などからユーザーの好みを分析し、最適な曲を再生してくれるのだ。また、ミュージックアプリで音楽を再生しているときに Siri を起動し、「これに似た曲をもっと流して」や「この曲が発売されたのはいつ？」といった内容にも応えてくれる。Siri にいろいろなオーダーをしてみよう。

スリープ（電源）ボタンの長押しや「Hey Siri」と呼びかけて Siri を起動したら、「私の好きそうな曲を流して」と話しかけよう。なお、Apple Music に登録していなくても、ミュージックライブラリに入っている曲から選んで再生してくれる

ミュージックアプリで自分の好きそうな曲が再生された。Apple Music を使うほど、より自分の好みに近い曲が流れるようになる仕組みだ

SECTION 4

SECTION

5

仕事
効率化

iPhoneをビジネスツールの主力に組み込んでいる
ユーザーも数多い。ここではベストなカレンダーや
クラウド、オフィスアプリを利用した
仕事効率化テクニックを紹介。
仕事もiPhoneでスマートにこなしていこう。

149

カレンダー | スケジュールはGoogleカレンダーをベースに管理しよう

Googleカレンダーとの同期設定を行っておこう

iPhoneでスケジュールを管理したい場合、Googleカレンダーをベースにして管理するのがおすすめ。多くのカレンダーアプリはGoogleカレンダーとの同期に標準対応しているため、スケジュール管理のベースはGoogleカレンダーで行い、予定のチェックや入力などのインターフェイスは自分の使いやすいカレンダーアプリを採用する、といった運用方法がベスト。パソコンとの同期がスムーズな点もメリットだ。まずは「設定」→「カレンダー」→「アカウント」でGoogleアカウントとの同期設定を行おう。これで標準のカレンダーアプリがGoogleカレンダーと同期される。

1 標準カレンダーやGoogleと同期する

Googleカレンダーと同期するには、「設定」→「カレンダー」→「アカウント」→「アカウントを追加」をタップ。「Google」からGoogleアカウントを追加しておこう。

2 カレンダーを同期する

「カレンダー」以外に「メール」や「連絡先」もオンにしておけば、標準アプリに同期される

Googleアカウントの認証を済ませると上の画面が表示される。同期したいサービスをオンにして「保存」をタップしよう。これでGoogleカレンダーとの同期設定は完了だ。

3 カレンダーの表示を切り替える

標準カレンダーアプリを起動して、画面下の「カレンダー」をタップ。同期されているGoogleカレンダーが表示されるので、表示したいカレンダーにチェックを入れておこう。スケジュールのデータ自体はGoogleカレンダーに保存されているので、カレンダーアプリはいつでも好きなものに変更できる

150

カレンダー | 仕事とプライベートなど複数のカレンダーを作成する

Googleカレンダーでは、目的別に複数のカレンダーを作っておくことができる。たとえば、仕事の予定のみを書き込んだ「仕事」カレンダーと、プライベートな予定のみを書き込んだ「個人」カレンダーを作成し、それぞれの予定を色分けで見やすくする、といった使い方が可能だ。ただし、カレンダーの新規作成や削除などの作業は、カレンダーアプリからは行えない。パソコンのWebブラウザでGoogleカレンダーにアクセスして設定しよう。

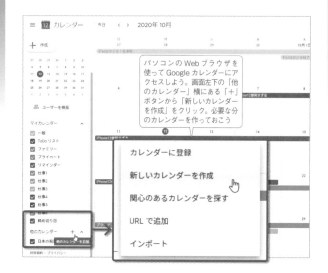

パソコンのWebブラウザを使ってGoogleカレンダーにアクセスしよう。画面左下の「他のカレンダー」横にある「+」ボタンから「新しいカレンダーを作成」をクリック。必要な分のカレンダーを作っておこう

151

カレンダー | カレンダーを家族や友人、仕事仲間と共有する

Googleカレンダーは、ほかのユーザーと共有することが可能だ。まずはパソコンのブラウザでGoogleカレンダーにアクセスして、画面右上の歯車ボタンをクリック。「設定」から設定画面を開こう。画面左端の一覧から共有したいカレンダーを選択し、右画面で「特定のユーザーとの共有」の項目を表示。「ユーザーを追加」ボタンで、共有したいユーザーのメールアドレスと権限を設定して招待すれば、カレンダーがそのユーザーと共有される。

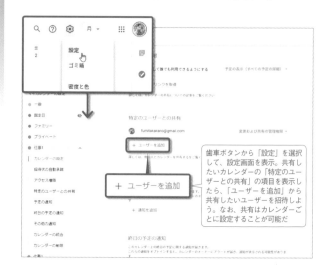

歯車ボタンから「設定」を選択して、設定画面を表示。共有したいカレンダーの「特定のユーザーとの共有」の項目を表示したら、「ユーザーを追加」から共有したいユーザーを招待しよう。なお、共有はカレンダーごとに設定することが可能だ

152

カレンダー | 月表示でもイベントが表示される
おすすめカレンダー

標準カレンダーでは物足りないというユーザーにおすすめ

iOSの標準カレンダーアプリはシンプルで使いやすいが、デメリットもある。たとえば、月表示モードでは、いちいち日付をタップしないとその日のイベントが確認できない。そのため、1ヶ月の予定をひと目でチェックしたい人という人には不向きだ。そこでおすすめしたいのがカレンダーアプリ「Staccal 2」。月表示モードでも予定の件名が表示されるので、ひと月のスケジュールが一目瞭然だ。また、予定を追加する際は、「10/15 13:00 打ち合わせ」といったようにテキストベースで入力できるのも特徴。慣れるとスピーディに日時とイベント内容を入力することが可能だ。

標準カレンダーとシームレスに同期するので、移行作業もスムーズ。あらかじめiOSの「設定」にある「カレンダー」→「アカウント」で、同期したいカレンダーサービスを設定しておけば（No149参照）、Googleカレンダーなどの外部カレンダーサービスとも同期できる。また、リマインダー機能も搭載しており、こちらもiOS標準のリマインダーアプリ（No154参照）と同期可能だ。このアプリ1本で、仕事やプライベートで日々発生するスケジュールやタスクを効率的に管理できるので、ぜひ試してみよう。

Staccal 2
作者／gnddesign.com
価格／490円

Staccal 2を標準カレンダーと同期して使う

1 標準カレンダーへのアクセスを許可する

アプリを起動したら、初回起動時に上の画面になるので「OK」をタップ。これで標準カレンダーアプリに同期しているカレンダーを表示できる。

2 標準カレンダーと同期される

初期設定を終えるとカレンダー画面が起動し、標準カレンダーのイベントが表示される。画面下のボタンでカレンダーの表示モードを切り替えてみよう。

3 新しいイベントを追加する

イベントを追加したい場合は、画面右上の「＋」をタップ。イベントを登録するカレンダーを選択し、日時や内容をテキストで記入しよう。イベントを登録したい日のマスをダブルタップしてもよい。

4 通知バッジに日付を表示する

画面右下の設定ボタンをタップして「アプリケーションバッジ・通知」を選択。バッジタイプを「今日の日付」にすると、アプリアイコンの右上に日付がバッジ表示されるようになる。

5 リマインダーとの連携も可能

Staccal 2は、リマインダー機能も搭載している。仕事のタスクや買い物メモなどをここに記しておこう。なお、内容はiOS標準のリマインダーアプリと同期される。

POINT

Yahoo!カレンダーも無料で使いやすい

無料のカレンダーアプリであれば、「Yahoo! カレンダー」が多機能で広告も表示されないのでおすすめだ。

Yahoo!カレンダー
作者／Yahoo Japan Corp.
価格／無料

仕事効率化

153

カレンダー

1ヶ月カレンダーを
ホーム画面に配置する

ホーム画面に
見やすい
カレンダーを配置

「シンプルカレンダー」は、その名の通り、シンプルな見た目のカレンダーアプリだ。特筆するべきは、iOS 14の新しいウィジェット機能にいち早く対応しているということ。これを利用すれば、ホーム画面に大きなカレンダーを表示することが可能だ。メインで使っているカレンダーアプリにiOS 14対応ウィジェットがなければ、ウィジェット表示のためだけにこのアプリを導入するのもアリ。

App

シンプルカレンダー
作者／Komorebi Inc.
価格／無料

1 アプリを導入して
初期設定を行う

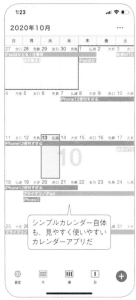

シンプルカレンダー自体も、見やすく使いやすいカレンダーアプリだ

アプリを起動したら初期設定を行う。iOSのカレンダー機能へのアクセスを求められたら「OK」で許可しておこう。これで予定のデータが連携され、シンプルカレンダー上で表示される。

2 ウィジェットを
追加する

タップ

ホーム画面にウィジェットを追加するには、ホーム画面の何もないところをロングタップして左上の「+」をタップ。「Sカレンダー」を選択し、好きなサイズを選んで追加しよう。

3 ホーム画面に
カレンダーを表示

日付をタップするとシンプルカレンダーが起動してその日の予定が表示される

これでホーム画面にカレンダーが表示できた。上の例では、一番大きなサイズのウィジェットを配置している。ウィジェットの日付をタップすれば、その日の予定が表示可能だ。

マスト！

154

リマインダー

リマインダーで
やるべきことを管理する

毎日のタスク管理や
買い物メモに
フル活用しよう

iOSに標準搭載されているリマインダーアプリは、日々発生するやるべきことをチェックリストにして、タスク管理に活用できるアプリだ。たとえば「今日出社したらA社の担当者に電話する」、「木曜日の朝にダンボールを捨てる」といった、日々のタスクをリマインダーとして登録しておけば、うっかり忘れを防ぐことができる。各リマインダーは日時を指定して締め切り前に通知させるだけでなく、特定の場所を指定して位置情報を基に通知させることも可能。これを利用すれば、「東京駅についたらお土産を買う」といったタスクを、目的地近くで通知させることができる。

1 リマインダーを
起動する

画面上部のスマートリストは、登録されたリマインダーを自動的に分類してくれる機能だ

リマインダーを起動すると、画面上部にスマートリスト、画面下部にマイリストが表示される。まずは画面右下にある「リストを追加」で、必要な分だけマイリストを追加しておこう。

2 リストを表示して
リマインダーを登録

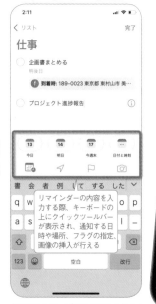

リマインダーの内容を入力する際、キーボードの上にクイックツールバーが表示され、通知する日時や場所、フラグの指定、画像の挿入が行える

各リストをタップすると登録されているリマインダーが表示される。リマインダーを登録する場合は、画面左下の「+新規」をタップしよう。クイックツールバーで日時なども指定できる。

3 リマインダーの
詳細を設定する

リマインダー項目の入力中に「i」ボタンをタップすれば、詳細画面が表示される。ここでは、日時や繰り返し、場所などの通知設定や画像の挿入などが可能だ

155

ZOOM | iPhoneで
ビデオ会議に参加する

ZOOMを使って オンライン会議を 行ってみよう

テレワークが普及してきた昨今、「ZOOM Cloud Meetings（以下、ZOOM）」を使ったビデオ会議が一般化してきた。ここでは、ZOOMでミーティングを開始する方法やミーティングに参加する方法など、基本的な操作を紹介。なお、無料ライセンスで3人以上のグループミーティングをホストする場合、40分までの制限時間がある（1対1の場合は無制限）。

ZOOM Cloud Meetings
作者／Zoom
価格／無料

1 ミーティングを ホストとして開始する

タップ

タップ

ZOOMで今すぐミーティングを主催したい場合は、「新規ミーティング」→「ミーティングの開始」タップしよう。すると、自分がホスト役となってミーティングが開始される。

2 ホスト側で他の メンバーを招待する

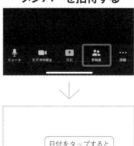

日付をタップするとシンプルカレンダーが起動してその日の予定が表示される

次に「参加者」→「招待」で他のメンバーに招待用URLを送信して招待しよう。他のメンバーが招待用URLから参加した場合、ホストが許可することで参加できる。

3 ミーティングに 参加する側の操作

招待用URLをタップするとZOOMが起動。ZOOMが起動しない場合は、一旦URLをメモアプリに貼り付けてからタップしてみるといい

ミーティングに参加する側は、ホストから送られた招待用URLをタップ。ZOOMが起動したら「ビデオ付きで参加」や「インターネットを使用した通話」をタップして参加しよう。

仕事効率化

156

文字入力 | 入力済みの 文章を 再変換する

iOSでは、メモアプリなどで入力済みのテキストを範囲選択した場合、キーボード上部に再変換候補が表示される。この機能を利用すれば、たとえば「記者」と変換するつもりが「汽車」と間違えて変換してしまったテキストを手軽に修正することが可能だ。いちいち文字を入力し直すよりも再変換したほうがスピーディなので覚えておこう。なお、「ニコニコ」や「がっかり」などと入力されたテキストを、対応する絵文字に再変換することもできる。

再変換したい単語をタップして、範囲選択する

変換候補が表示されるので、変換し直したいものを選択しよう

「ニコニコ」や「おにぎり」、「ライオン」といったテキストから絵文字への再変換も行える

157

文字入力 | 文章を ドラッグ&ドロップで 移動させる

メモやメールアプリでテキストを入力していると、文章の一部を別の場所に移動させたくなる場合がある。通常の操作方法であれば、テキストをロングタップしてメニューで「選択」を選び、範囲選択して「カット」後、移動したい場所をロングタップして「ペースト」を行う、という面倒な手順が必要だ。しかし、実はもっと簡単な方法がある。テキストを範囲選択したあと、そのまま移動したい場所にドラッグ&ドロップするだけだ。以下を参考に試してみよう。

まずは移動したいテキスト部分を範囲選択し、選択範囲をロングタップしよう

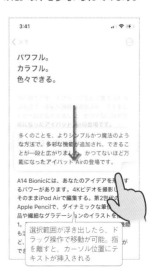

選択範囲が浮き出したら、ドラッグ操作で移動が可能。指を離すと、カーソル位置にテキストが挿入される

158

メモ | さらに進化した
標準メモアプリの注目新機能

iOS 14で
追加された機能を
使いこなそう

iOSに標準搭載されている
メモアプリは、シンプルで使い
やすいクラウド型メモアプリだ。
ふと思い浮かんだアイディアを
書き留めたり、製品デザインの
ラフイメージを手書きでスケッ
チしたり、取材先のお店の写真
を貼り付けたりなど、いろいろ
な情報をサッと記録しておくこ
とができる。最新のiOS 14で
は「ピンで固定」機能が追加さ
れ、重要なメモを目立たせるこ
とが可能になった。また、手書
きの図形を認識してきれいな形
に補正する機能や書式設定を素
早く変更する機能などが追加さ
れている。より便利になったメ
モアプリを仕事やプライベート
で活用してみよう。

1 メモをピンで固定して
先頭に表示する

iOS 14では、メモに「ピンで固定」
機能が追加された。メモ一覧でメモを
右にスワイプしたらピンボタンをタッ
プ。すると、そのメモが一覧の一番上
に固定表示される。

2 手書きの図形を
自動補正する

図形を描いたらしばらく
指を離さないでおくと、
図形が補正される

手書きで図形を描画したら、しばらく
指を離さないでおこう。すると、きれ
いな形に補正された線が表示される。
指を離せば手書き図形が補正された図
形に修正される。

3 書式設定を素早く
切り替える

「Aa」ボタンをロング
タップすると、書式設
定のおもな機能がメ
ニューとして表示され
る。ここから素早くテ
キストのスタイルを変
更可能だ

159

メモ | メモと音声を紐付けできる
議事録に最適なノートアプリ

会議の様子を
録音しながら
メモができる

「Notability」は、録音機能
が搭載されたメモアプリだ。面
白いのは録音しながらテキスト
や手書きでメモを作成すると、
録音とメモが紐付けされるとい
う点。音声再生時には、メモを
書いている様子がアニメーショ
ンで再生される。会議やセミ
ナーの議事録、取材やインタ
ビューの録音メモなど、録音し
ながらメモを取りたいといった
ニーズにぴったりのアプリだ。

App

Notability
作者／Ginger Labs
価格／無料

1 録音しながら
メモしてみよう

録音を停止するに
は、画面上部の停
止ボタンをタップ

音声を録音したいときは、メモ画面の
上部にあるマイクボタンをタップ。あ
とは、録音しながらテキストや手書き
などでメモを取っていこう。

2 録音した音声と
メモを再生する

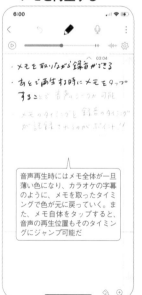

音声再生時にはメモ全体が一旦
薄い色になり、カラオケの字幕
のように、メモを取ったタイミ
ングで色が元に戻っていく。ま
た、メモ自体をタップすると、
音声の再生位置もそのタイミン
グにジャンプ可能だ

音声を再生するには、マイクボタンの
下にある「V」をタップしよう。表示
された再生ボタンを押せば、音声が再
生され、同時にメモもアニメーション
表示される。

3 再生スピードの
変更も可能

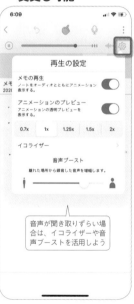

音声が聞き取りづらい場
合は、イコライザーや音
声ブーストを活用しよう

音声再生中に歯車ボタンをタップする
と、再生の設定が行える。ここからア
ニメーションのオン／オフ、再生速度、
イコライザー（音質）、音声ブースト
などを設定できる。

160

Handoff

iPhoneで作成中のメールや書類を iPadで作業再開する

別のiOS端末で 作業を引き継げる Handoff機能

「Handoff」とは、同じApple IDを設定している端末同士で使用中のアプリの状態を同期するという機能だ。たとえば、iPhoneのメールアプリでメールを作成しているとき、iPadに持ち替えて作業を再開するといったことがシームレスに行えるようになる。iPhoneで作業途中のアプリは、iPadのドック右端に表示される。なお、本機能を利用するには、双方の端末が同じApple IDでiCloudにサインインし、Handoff機能とBluetooth、Wi-Fiがオンになっていることが前提。アプリ自体もHandoff機能に対応している必要がある。

1 Handoff機能を オンにしておく

双方の端末で「設定」→「一般」→「AirPlayとHandoff」にあるHandoff機能をオンにしておく。BluetoothとWi-Fiも有効にしよう。

2 iPhone側の アプリで作業を行う

Handoffに対応したアプリをiPhone側で起動する。標準のメモアプリやメールアプリ、Safari、マップアプリなどが対応している。

3 iPadで作業を 引き継ぐ

iPadのドック右端にiPhoneで作業中のアプリが表示され、アイコン右上にHandoffのマークも表示される。タップして起動し、作業を引き継ごう。

仕事効率化

マスト！

161

クラウド ストレージ

パソコンとのデータのやりとりに 最適なクラウドストレージサービス

iPhoneやパソコンで 最新のファイルを 同期する

パソコンのデータをiPhoneに転送したり、iPhone内のファイルをパソコンへコピーしたりする場合、毎回iTunesに接続して同期するのは面倒だ。そこで活用したいのが、定番のクラウドストレージサービス「Dropbox」。Dropbox上に各種ファイルを保存しておけば、iOSやAndroid端末だけでなく、WindowsやMacといったすべてのデバイス上から同じデータにアクセスが可能だ。

Dropbox
作者／Dropbox
価格／無料

1 同期されている ファイル一覧を確認

タップしてファイルを開く。写真、動画、音声ファイルのほか、PDFやオフィス系ファイルもDropbox上で閲覧できる

画面下部の「ファイル」をタップすると、Dropboxで同期されているファイル一覧が表示される。ファイル名をタップすれば閲覧が可能だ。

2 ファイルアプリから アップロードする

画面下部の「+」→「ファイルを作成／アップロード」→「ファイルをアップロード」→「ブラウズ」をタップ

iPhoneからDropbox上にファイルをアップロードすることも可能。標準の「ファイル」アプリを経由するので、iCloud上のファイルも参照できる。

3 他人にファイルを 受け渡す方法

ファイルを開いて「…」→「エクスポート」をタップ。これでリンクでの共有が可能だ。この方法で共有したファイルは、リンクを知っている全員が閲覧できる。Dropboxのアカウントも不要。相手がダウンロードするまで、Dropboxからファイルを削除しないようにしよう

ファイルを開いて、画面右上の「…」ボタンをタップ。「エクスポート」から「メール」などの手段を選べば、ファイルへのリンクを送信できる。

162

文章作成

メモにも長文にも力を発揮する テキストエディタ

スタイリッシュで軽快に使える人気アプリ

ちょっとした走り書きから長文テキスト、手書きスケッチ、Markdown形式での体裁を整えた文書作成まで対応できるテキストエディタ。スタイリッシュなインターフェイスと高速な動作で、気分良く文章を入力していける。文章の入力、編集に欠かせないツールは、すべてキーボードの上に揃っており、必要に応じてすぐに利用可能だ。別のメモへのリンク機能も便利。

Bear
作者／Shiny Frog Ltd.
価格／無料

1 便利なツールが揃っている

キーボードの上に、写真や手書き挿入、ヘッダ（見出し）、下線、区切り線、箇条書き、アンドゥ、リドゥ、カーソル移動などのボタンが揃っている。

2 別のメモへのリンクを張る

メモ内に別のメモへのリンクを張ることも可能。左から4番目のツールをタップし、リンクを挿入したいメモを選択しよう。

3 メモの情報表示や出力、同期機能

画面右上の「i」で文字数などを確認。1ヶ月150円もしくは年間1,500円の課金で、PDFやHTML出力、iPadやMacとの同期機能などを利用できる。

163

マスト！

オフィスファイル

iPhoneでWordやExcelの書類を閲覧、編集する

Microsoftの公式アプリをインストールしよう

仕事で欠かせないWordやExcel、PowerPointファイルをiPhone上で閲覧・編集したいなら、Microsoftが無償で公開している公式アプリを導入しておこう。テキストの変更はもちろん、レイアウトの調整や関数の入力など、パソコン版とほぼ同等の編集を行うことができる。パソコンがない環境でも、簡単なオフィス書類ならこのアプリ1つだけで作成が可能だ。

Microsoft Office
作者／Microsoft Corporation
価格／無料

1 サインインしてOfiiceファイルを開く

アプリを起動したらMicrosoftアカウントにサインイン。OneDriveで同期しているストレージ上のOfficeファイルが一覧表示される。

2 Officeファイルを編集する

Word／Excel／PowerPointの各種ファイルを開けば、そのまま編集することが可能だ。

3 ドキュメントを新規作成する

ホーム画面の「＋」ボタンをタップして、「ドキュメント」を選べば各種ドキュメントを新規作成できる。iPhoneだけで書類作成を完結することも可能だ

164

書類作成

複数のメンバーで書類を共同作成、編集する

Googleドキュメントやスプレッドシートを共同編集しよう

Google ドキュメントやスプレッドシートでは、1つの書類を複数のメンバーで共同編集することが可能だ。まずは「Google ドライブ」アプリを開き、ファイル名の横にあるボタンから「共有」を選択しよう。各メンバーのメールアドレスを入力して招待すれば、共同編集が行えるようになる。なお、実際に編集するには各専用アプリも必要なので導入しておこう。

Google ドライブ
作者／Google, Inc.
価格／無料

1 Googleドライブでファイルを共有する

タップ

タップ

Google ドライブで共有したいファイルの右端にあるボタンをタップ。画面下部にメニューが表示されるので「共有」を選択しよう。

2 共有メンバーに招待を送る

招待するメンバーのメールアドレスを入力する。招待はGmail アドレス宛でなくてもよいが、相手が Google アカウントを持っている必要がある。「編集者」や「閲覧者」などの権限も設定しておこう

共同編集したいユーザーのメールアドレスを入力。共同で編集したい場合は、ファイルの権限を「編集者」に設定しておくといい。

3 ドキュメントを共同で編集する

ここからファイルの各種操作や詳細情報を確認可能だ

共有したファイルを iPhone 上で編集したい場合は、「Google ドキュメント」や「Google スプレッドシート」といった別アプリが必要になる。

165

音声入力

音声入力を本格的に活用しよう

キーボードより高速・快適に入力できる

iPhone で素早く文字を入力したいなら、ぜひ音声入力を活用しよう。音声をうまく認識せず結局キーボードで入力し直すことになるのでは、と思うかもしれないが、現在の iPhone の音声入力はかなり実用的なレベルに仕上がっており、認識精度が非常に高い。テキスト変換も発音とほぼ同時に行われる。句読点や記号の入力さえ慣れてしまえば、長文入力も快適に行えるのだ。誤入力や誤変換があっても、とりあえず最後まで音声入力するのがコツ。あとから間違った文字列を選択して、再変換（No156 参照）すればよい。

1 音声入力モードに切り替える

オンにする

あらかじめ「設定」→「一般」→「キーボード」で「音声入力」をオンにしておこう。キーボードの右下にあるマイクボタンをタップすると、音声入力モードに切り替わる。

2 音声でテキストを入力する

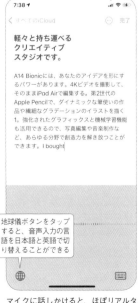

地球儀ボタンをタップすると、音声入力の言語を日本語と英語に切り替えることができる

マイクに話しかけると、ほぼリアルタイムでテキストが入力される。句読点やおもな記号の入力方法は右にまとめている。画面内をタップすればキーボード入力に戻る。

POINT
句読点や記号を音声入力するには

記号	読み
（改行する）	かいぎょう
（スペース）	たぶきー
、	てん
。	まる
「	かぎかっこ
」	かぎかっことじ
！	びっくりまーく
？	はてな
・	なかぐろ
…	さんてんりーど
.	どっと
@	あっと
:	ころん
¥	えんきごう
/	すらっしゅ
※	こめじるし

仕事効率化

166

音声入力した文章を同時に パソコンで整える連携技

リアルタイムに 音声入力しながら 修正できる

No165で紹介したiOSの音声入力機能は「Googleドキュメント」でも利用することが可能だ。iPhoneとパソコンで同じドキュメントを開いた状態にしておけば、iPhoneで音声入力しながらパソコンで適時修正していく、といった連携技が使える。iPhoneだけだとテキストの編集作業が面倒なので、パソコンと連携することで作業を効率化できるのだ。

Google ドキュメント
作者／Google LLC
価格／無料

1 iPhoneで 音声入力する

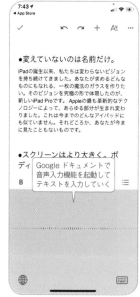

> Google ドキュメントで音声入力機能を起動してテキストを入力していく

Google ドキュメント

iPhoneでGoogleドキュメントを開いたら、新しいドキュメントを作成。キーボードのマイクボタンを押し、音声入力でテキストを入力していこう。

2 パソコンでテキストを 適時修正する

> パソコン側の Google ドキュメントでも、音声入力したテキストがリアルタイムに反映される。なお、マイク付きパソコンなら Chrome で Google ドキュメントを開き「ツール」→「音声入力」で音声入力できるが、変換の反応がやや悪いので iPhone 経由の方がおすすめ

https://docs.google.com/

パソコンのWebブラウザでGoogleドキュメントにアクセス。iPhoneで開いているドキュメントを開く。iPhoneでの音声入力がリアルタイムに反映されていくので、適時修正や編集を行っていこう。

167

連絡先をユーザ辞書にする 音声入力の裏技

音声入力で 変換できない単語は 連絡先に登録しよう

iOSの音声入力を使っていると、思った通りに単語が変換されないことがある。そこで試してほしいのが連絡先に単語とよみを登録する方法だ。連絡先アプリを起動して「＋」ボタンをタップ。「姓」に単語、「姓（フリガナ）」によみを入力して登録してみよう。実は、連絡先に登録された項目は、音声入力時に1発で変換できる性質がある。そのため、音声入力用のユーザー辞書のように使うことができるのだ。なお、「設定」→「一般」→「キーボード」→「ユーザ辞書」でのユーザ辞書は、キーボード入力時の変換でのみ使われるため、音声入力の変換時には反映されないので注意。

1 連絡先を 追加する

> タップ

連絡先アプリを起動したら「＋」をタップして新規連絡先を作成しよう。なお、単語を登録する連絡先は、使っていない連絡先グループに分けておくとあとで管理しやすい。

2 単語とよみを 登録する

> 「姓」に単語、「姓（フリガナ）」によみを入力する

新規連絡先の登録画面で「姓」に単語、「姓（フリガナ）」によみを入力（よみはカタカナを使うこと）。音声入力時に変換できない単語や、よく使う名詞などを登録しておこう。

3 音声入力ですぐ 変換できるようになる

> 連絡先に登録したよみを話しかけると、単語に変換される

メモアプリなどを起動し、キーボードのマイクボタンで音声入力を行う。先ほど登録した単語のよみを話しかけると、1発で変換されるようになる。

マスト！168

ファイル操作

iPhoneとさまざまなサーバで ファイルをやり取りする

FTPへの接続や 圧縮／解凍機能 などを搭載

標準の「ファイル」アプリも十分使いやすいが、さらに多彩なサーバに接続したり、さまざまな機能を求めたい場合は、「Documents by Readdle」を使ってみよう。iCloudやDropbox、Googleドライブなどのクラウドはもちろん、FTPやSFTPといったサーバにも接続可能。ファイルの圧縮／解凍やメディアプレイヤーなどの機能も備えた決定版アプリだ。

Documents by Readdle
作者／Readdle Inc.
価格／無料

1 各種クラウドや サーバへ接続

各種サーバへアクセスできる

画面下部の「接続先」をタップ。DropboxとGoogleドライブは次の画面からすぐに接続できる。FTPなどは、「接続先を追加」をタップし、設定を行おう。

2 ファイルを 操作する

ファイルから指を離さないまま別の指で画面を操作可能

ファイルをロングタップして少し浮き上がったら、ドラッグして移動可能。ファイルを選択したまま別の指でフォルダを開いたり、クラウドへアクセスしたりなどの操作も可能だ。

3 オプションメニューで 各種機能を利用

サーバ上のファイルの場合、このメニューからダウンロードも行える

コピー
移動
圧縮
複製
名称変更
削除
メール
アップロード
共有

各ファイルに表示されるオプションメニューボタン（「…」ボタン）で、zip圧縮やアップロード、削除や共有など、さまざまな操作を行える。

169

音声入力

Siriに 話しかけて メモを取ってもらう

ちょっとした要件をメモしたいときに、iPhoneでメモアプリを起動し、メモの内容をキーボードで入力する……というのは、ちょっと面倒だ。そこでおすすめしたいのが、Siriを使った音声入力によるメモ機能。まずは「設定」で「"Hey Siri"を聞き取る」をオンにしておこう。次に、iPhoneに「Hey Siri」と話しかけてメモする内容を伝える。たとえば、「シャンプーを買うとメモ」と伝えれば、標準のメモアプリでメモを残してくれるのだ。

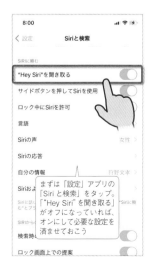

まずは「設定」アプリの「Siriと検索」をタップ。「"Hey Siri"を聞き取る」がオフになっていたら、オンにして必要な設定を済ませておこう

iPhoneに「Hey Siri」と話しかけるとSiriが起動。「シャンプーを買うとメモ」などと伝えれば、その内容が標準のメモアプリで保存される

170

自動処理

各種アプリや クラウドを連携して 自動処理する

「IFTTT」は、iOSの機能やアプリ、外部のクラウドサービスを連携させて、さまざまな自動処理を実行できるアプリだ。まずは、有志が作成したアプレットから使いやすそうなものを探して設定してみよう。

IFTTT
作者／IFTTT
価格／無料

まずは「Explore」をタップして、使いたいアプレットを検索してみよう

「Connect」をタップして、必要な設定を行えば自動処理が実行されるようになる

仕事効率化

171

PDF編集

無料で使えるパワフルな
PDFアプリを導入しよう

PDFの閲覧や
書き込みが
快適に行える

「PDF Viewer Pro」は、PDF上に直接フリーハンドで指示を書き込んだり、PDF上の文字にハイライトや取り消し線を加えたりできるアプリだ。一部のページを削除したりページ順を入れ替えたりなどの編集処理も行える。別途アプリ内課金（3ヶ月800円、年間2,300円）を行えば、コメントの挿入やPDFの結合機能なども追加することが可能だ。

App

PDF Viewer Pro by PSPDFKit
作者／Readdle Inc.
価格／無料

1 ファイルアプリから ファイルを開く

アプリを起動すると、ファイルアプリの画面になるので、「ブラウズ」から目的のPDFを探して開こう。

2 フリーハンドで 書き込みが可能だ

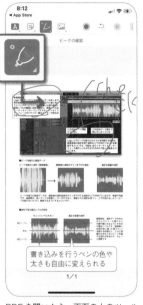

書き込みを行うペンの色や太さも自由に変えられる

PDFを開いたら、画面の上のツールバーから編集が行える。ペンボタン→マーカーボタンをタップすれば、フリーハンドでの書き込みが可能だ。

3 ページの削除や 並べ替えにも対応

ページ編集ボタンをタップすれば、ページの削除や並べ替え、書き出しなどが行える

172

コピペ支援

複数の内容を効率
よくコピペする
ためのアプリ

「コピペ+」は、過去にコピーしたテキストを複数保存しておき、いつでも再利用できるようにするクリップボード管理アプリだ。ウィジェット表示にも対応しているので、過去にコピーした内容もすぐ呼び出せる。

App

コピペ+
作者／EasterEggs
価格／無料

テキストをコピーしたら「コピペ+」を起動。自動的にアプリ内の「コピーボード」に貼り付けられ、履歴が保存される。履歴をタップすればいつでも内容をコピー可能だ

ウィジェットにも対応しているが、iOS 14の最新仕様には未対応。過去にコピーした履歴がウィジェットに一覧表示され、タップしてすぐにコピーできる。履歴の表示数はアプリの設定で変更可能だ

173

電卓

打ち間違いを
途中で修正できる
電卓アプリ

美しいデザインで使いやすい電卓アプリ。入力した計算式が表示されるので、入力をミスしても分かりやすい。アプリ内課金でPro版（250円）にすれば、計算結果の履歴や単位変換機能も使えるようになる。

App

Calcbot 2
作者／Tapbots
価格／無料

現在の計算式が表示されるので、間違いがわかりやすい。左下の削除ボタンを押せば、後ろから数字を削除していくことができる

Pro版であれば、計算結果の履歴表示や単位の変換機能などが使えるようになる

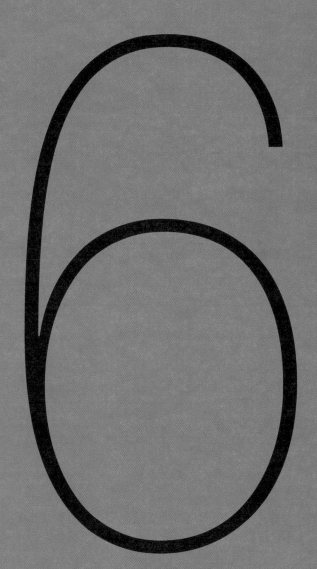

SECTION

6

設定と
カスタマイズ

設定項目が多岐にわたるiPhoneは、
自分仕様にカスタマイズすることで
より一層使い勝手がアップする。
日々ストレスなくiPhoneを操作するために
あらかじめ重要な設定項目を見直しておこう。

174

パスワード管理

強力なパスワード管理機能を活用する

パスワードはすべてiPhoneに覚えておいてもらう

iPhoneは、一度ログインしたWebサイトやアプリのユーザ名とパスワードを「iCloudキーチェーン」に保存しておき、次回からはワンタップで呼び出して、素早くログインすることができる。これなら、いちいちサービスごとに違うパスワードを覚えなくても大丈夫だ。また、新規アカウント登録時には、解析されにくい強力なパスワードを自動生成してくれるので、セキュリティ的にも安心。なお、ユーザ名とパスワードの呼び出し先は、iCloudキーチェーンだけでなく、「1Password」や「Chrome」、「LastPass」、「Dashlane」「Keeper」、「Remembear」などのサードパーティー製パスワード管理アプリも連携して利用できるようになっている。

> iPhoneで保存したパスワードで自動ログインする

1 自動生成されたパスワードを使う

一部のWebサービスやアプリでは、アカウントの新規登録時にパスワード欄をタップすると、強力なパスワードが自動生成され提案される。このパスワードを使うと、そのままiCloudキーチェーンに保存される。

2 入力した既存のパスワードを保存する

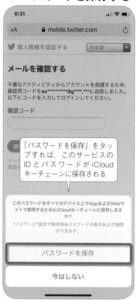

Webサービスやアプリに既存のユーザ名とパスワードでログインした際は、その情報をiCloudキーチェーンに保存するかどうかを聞かれる。保存しておけば、次回以降は簡単にユーザ名とパスワードを呼び出せるようになる。

3 保存されているパスワードを確認する

「設定」→「パスワード」をタップし、Face IDなどで認証を済ませると、現在iCloudキーチェーンに保存されているユーザ名およびパスワードを確認、編集できる。

POINT

連絡先やカード情報を自動で入力する

「設定」→「Safari」→「自動入力」で「連絡先の情報を使用」と「クレジットカード」をオンにしておけば、Safariでメールアドレスや住所、クレジットカード情報なども自動入力できるようになる。

4 自動入力をオンにし他の管理アプリも連携

自動入力機能を使うなら「設定」→「パスワード」→「パスワードを自動入力」→「パスワードを自動入力」をオンにしておく。また「1Password」など他のパスワード管理アプリを使うなら、チェックを入れ連携を済ませておこう。

5 候補をタップするだけで入力できる

Webサービスやアプリでログイン欄をタップすると、保存されたパスワードの候補が表示される。これをタップするだけで、自動的にユーザ名とパスワードが入力され、すぐにログインできる。

6 候補以外のパスワードを選択する

表示された候補とは違うパスワードを選択したい場合は、候補右の鍵ボタンをタップしよう。このサービスで使う、その他の保存済みパスワードを選択して自動入力できる。

175 | パスワード管理 | パスワードの脆弱性を自動でチェックする

iOSは、iCloudキーチェーンで管理しているパスワードのうち、セキュリティに問題のあるパスワードを自動で指摘してくれる。問題のあるパスワードは、「設定」→「パスワード」→「セキュリティに関する勧告」という設定項目で確認可能だ。ここでは、すでに漏洩しているパスワードや簡単に推測できるパスワード、複数のアカウントで再使用されているパスワードなどが表示される。必要であれば、各サービスのサイトでパスワードを変更しておこう。

「設定」→「パスワード」→「セキュリティに関する勧告」で、問題のあるパスワードが一覧表示される。各アカウント名をタップすれば、詳細を表示可能だ

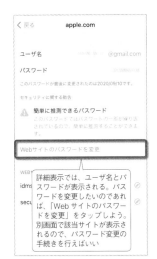

詳細表示では、ユーザ名とパスワードが表示される。パスワードを変更したいのであれば、「Webサイトのパスワードを変更」をタップしよう。別画面で該当サイトが表示されるので、パスワード変更の手続きを行えばいい

176 | マスト! | 音量調整 | 着信音と通話音の音量を側面ボタンで調整する

本体側面にある音量ボタンは、通常、音楽や動画再生などの音量を調節できる。しかし、着信音と通知音に関しては、初期状態だと音量ボタンでの操作が行えない。これらの音量は、「設定」→「サウンドと触覚」画面にあるスライダーで変更する仕組みだ。音量ボタンで着信音と通知音の音量を変更したい場合は、「設定」→「サウンドと触感」→「ボタンで変更」を有効にしておこう。また、通話音の音量は、通話時に音量ボタンを押せば変更することができる。

「設定」→「サウンドと触覚」の「ボタンで変更」を有効にすれば、着信音と通知音を側面の音量ボタンで操作できる

通話中の音量は、通話中に音量ボタンを操作すればOKだ

設定とカスタマイズ

177 | おやすみモード | 一定期間あらゆる通知を停止する

スケジュールや場所と連動して通知をオフ

「おやすみモード」は、通知や着信で睡眠を邪魔されないよう、指定した時間帯に通知の表示や電話の着信などを停止してくれる機能だ。おやすみモードは手動でオン／オフを切り替えられるほか、時間を指定して自動で切り替えることも可能。また、位置情報やカレンダーと連動して「会議が終了するまで」、「映画館から離れるまで」など、より実用的なシーンで通知をオフにするといったこともできる。なお、時間指定時に「ロック画面を暗くする」をオンにすると、おやすみモード中はロック画面が暗くなり、通知が来てもロック画面に表示されなくなる。

1 コントロールセンターで操作する

タップしてオン／オフ、ロングタップしてメニュー表示

コントロールセンターの三日月ボタンをタップすれば、「おやすみモード」がオンになり、通知や着信をオフにできる。もう一度タップすればおやすみモードはオフになる。

2 位置情報やカレンダーと連動させる

「今日の夜まで」では19時、「明日の朝まで」では翌日7時まで。「このイベントが終了するまで」は、カレンダーに登録されたイベントの最中に表示される。「スケジュール」をタップすると設定が開く

3 おやすみモードの設定を変更する

「ロック画面を暗くする」がオンならロック画面に通知が表示されなくなるので、寝る直前に通知を見てしまって気を取られることもなくなる

おやすみモードの時間指定やオン時の動作は、「設定」→「おやすみモード」で設定できる。時間指定時に睡眠を邪魔されたくないなら、「ロック画面を暗くする」をオンにしておこう。

178 | ユーザ辞書 | よく使う単語や文章、メアドなどは辞書登録しておこう

ユーザ辞書の便利な使い方を覚えよう

よく利用するメールアドレスや住所、名前、定型文、顔文字などを素早くテキスト入力するには、「ユーザ辞書」を活用するのがおすすめ。「設定」→「一般」→「キーボード」→「ユーザ辞書」をタップすると、登録済みのユーザ辞書が一覧表示されるので、右上の「+」ボタンから新規登録してみよう。たとえば、「単語」に自分のメールアドレスを登録し、「よみ」に「めーる」と登録して「保存」をタップ。すると、以後テキスト入力時に「めーる」と入力するだけで、辞書登録したメールアドレスが予測変換候補に表示されるようになるのだ。

1 ユーザ辞書を編集する

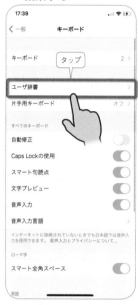

ユーザ辞書を編集するには、まず「設定」→「一般」→「キーボード」をタップ。上の画面で「ユーザ辞書」をタップすれば単語登録が行える。

2 単語とよみを登録する

「+」をタップし、「単語」と「よみ」を入力して「保存」で登録完了。頻繁に入力する単語やメールアドレスなどを登録しておくと便利だ。

3 変換候補に辞書が表示される

メモアプリなどを起動して、ユーザ辞書に登録した「よみ」を文字入力してみよう。変換候補に登録した単語が表示されるようになる。

---

179 | 使用制限 | iPhoneやアプリの使用時間を制限する

スクリーンタイムでiPhoneの使いすぎを防ぐ

YouTubeを観たり、ゲームで遊んだりして、ダラダラと時間を費やすのは良くないと分かっていても、ついつい長時間iPhoneを触ってしまう……。そんなiPhoneの使いすぎを防ぐには、「スクリーンタイム」機能を活用するのがおすすめ。本機能では、iPhoneを使わない時間帯を設定して、許可したアプリしか使えないようにしたり、指定したアプリや特定カテゴリのアプリを一定時間しか使えないようにしたりなどができる。スクリーンタイムの設定画面では、何のアプリをどれくらいの時間使っているか、詳細なデータを確認することも可能だ。

1 スクリーンタイムを確認する

「設定」→「スクリーンタイム」で、iPhoneを使った時間を確認できる。iPhoneの使用を制限するには「休止時間」や「App使用時間の制限」をタップしよう。

2 画面を見ない時間帯を設定する

「休止時間」をタップしてスイッチをオンにし、時間帯を設定すると、その時間帯は「常に許可」で許可したアプリと電話のみ利用可能になる。

3 アプリを使う時間を制限する

「App使用時間の制限」をタップして「機能を追加」をタップすると、特定のカテゴリやアプリを選んで、一日の使用時間に制限を設けることができる。

180 通知のプレビュー表示をまとめてオフにする

通知

iOSでの通知表示は、プレビュー機能によって一部内容を確認することができる。たとえば、新着メールを受信したときは、通知表示に相手の名前や件名、メッセージ内容の一部がプレビューとして表示されるのだ。ただ、プラ

イバシーの保護を考えると、通知のプレビューを画面に表示したくないという人もいるだろう。「設定」→「通知」の「プレビューを表示」で、プレビュー表示をまとめてオフにできるので、必要であれば変更しておくとよい。

通知のプレビュー表示をオフにしたい場合は、「設定」→「通知」→「プレビューを表示」をタップし、「ロックされていないときのみ」もしくは「しない」に設定しよう

通知プレビューあり

通知プレビューなし

181 さまざまな認証をFace IDで行う

マスト！

Face ID

本体のロックを解除するために使う顔認証機能「Face ID」は、App StoreやiTunes Storeでのアイテム購入時の認証や、サードパーティ製アプリの起動および各種認証時にも利用することができる。Apple IDや各アプリ、サー

ビスの面倒なパスワード入力を省略できるのでぜひ利用したい。また、パスワード入力の機会が減るということは、それぞれのパスワードの文字列を複雑なものにしやすいという、セキュリティ上のメリットもある。

「設定」→「Fece IDとパスコード」で、「iTunes StoreとApp Store」をオンにすれば、アプリなどのアイテム購入時に顔認証を利用できる

アプリのロック解除などにも利用できる。例えばLINEの場合は、設定の「プライバシー管理」で「パスコードロック」をオンにし、同じ画面の「Face ID」のスイッチをオンにしておけばよい

設定とカスタマイズ

182 アクションの項目を取捨選択する

共有メニュー

共有ボタンで表示される項目を編集

写真アプリやSafariなどで共有ボタンをタップすると、表示中の写真やページを共有する相手やアプリを選択したり、コピーやマークアップなどの操作を行うアクションメニューが表示される。このアクションメニューの中には、自分で使わない項目が表示されていたり、よく使う項目が下の方にあって、使いづらいと感じたりすることもあるだろう。そんな時は、アクションメニューの一番下にある「アクションを編集」をタップしよう。不要なアクションを非表示にしたり、「よく使う項目」に追加して表示順を並べ替えたりができる。

1 共有メニューを開きアクションを編集

写真アプリやSafariで共有ボタンをタップし、メニューを開いたら、一番下までスクロールして「アクションを編集」をタップしよう。

2 よく使う項目に追加して並べ替え

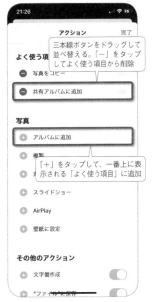

三本線ボタンをドラッグして並べ替える。「ー」をタップしてよく使う項目から削除

「＋」をタップして、一番上に表示される「よく使う項目」に追加

アクションの「＋」をタップすると、一番上に表示される「よく使う項目」に追加できる。さらに「よく使う項目」は三本線ボタンをドラッグして並び順を変更可能だ。

3 一部のアクションは非表示にできる

オフにする

一部のアクションはスイッチをオフにして非表示にできる。例えばApple Watchを持っていないなら、写真アプリの「文字盤作成」は不要なのでオフにしておこう。

83

183 | 画面上に多機能なボタンを表示させる

Assistive Touch

設定で「AssistiveTouch」をオンにすると、半透明の仮想ボタンが画面上に常駐するようになる。この仮想ボタンを表示しておけば、ホームボタン非搭載のiPhoneでもホームボタン代わりに使えたり、両手でボタンを押さなくてもスクリーンショットを撮影できたりなど、さまざまな機能を利用することが可能だ。ただし、常に画面上に表示されるため、操作の邪魔になることも多い。なお、仮想ボタンはドラッグ＆ドロップして好きな位置に移動が可能だ。

「設定」→「アクセシビリティ」→「タッチ」→「AssistiveTouch」でスイッチをオンにする。「最上位メニューをカスタマイズ」をタップして、表示するメニューボタンをカスタマイズすることもできる

AssistiveTouchがオンの時は、画面上に半透明の白い丸ボタンが表示されるようになる。これをタップするとメニューが開き、「ホーム」ボタンでホーム画面に戻ったり、「デバイス」→「その他」→「スクリーンショット」でスクリーンショットを撮影できたりなどの操作が可能だ

184 | ホーム画面のレイアウトを初期状態に戻す

ホーム画面

iPhoneを使い続けていると、インストールしたけど使わないアプリや中身がよくわからないフォルダなどが増え、ホーム画面が煩雑になってくる。そこで一旦ホーム画面のレイアウトをリセットする方法を紹介しよう。「設定」→「一般」→「リセット」→「ホーム画面のレイアウトをリセット」をタップすればOKだ。ホーム画面は初期状態に戻り、インストールしたアプリはすべてフォルダから出されて2ページ目以降に配置される。

「設定」→「一般」→「リセット」→「ホーム画面のレイアウトをリセット」をタップ

初期状態にリセットすると、App Storeからインストールしたアプリは、2ページ目からアルファベット順、続いて五十音順に配置される。なお、削除した標準アプリは、削除された状態のままだ

SECTION 6

185 | 通知のスタイルをアプリによって変更する

通知

不要な通知はあらかじめオフにしておこう

メールやメッセージの受信をはじめ、カレンダーやリマインダーに登録した予定やSNSのレスポンスなど、さまざまなアプリからの新着情報をサウンドやバナーで知らせてくれる「通知」機能。便利な反面、頻繁な通知がわずらわしくなることもある。そこで、重要度の低いアプリの通知をオフにしたり、サウンドやバナー、バッジなどの通知方法を限定したりなど、アプリごとの設定を見直してみよう。また、メールアプリでは、設定しているアドレスごとに通知の設定を施すことが可能だ。これもアドレスの重要度に合わせて設定し直そう。

1 まずは必要のない通知をオフにする

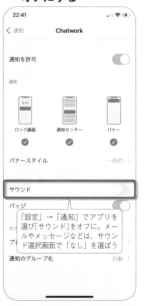

「通知を許可」をオフにすると、このアプリからの全通知が無効になる。なお、アプリの初回起動時に表示されるダイアログで、通知送信を「許可しない」にすれば通知はオフのままだ

まずは重要度の低いアプリの通知をオフにするところからはじめよう。「設定」→「通知」でアプリを選び、「通知を許可」をオフにする。

2 通知サウンドをオフにする

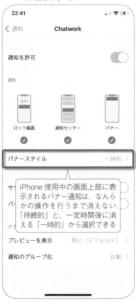

「設定」→「通知」でアプリを選び「サウンド」をオフに。メールやメッセージなどは、サウンド選択画面で「なし」を選ぼう

多くのアプリにはサウンドによる通知機能が備わっている。すぐに気づいて対処する必要がないものは、「サウンド」をオフにしておこう。

3 通知の表示方法を選択する

iPhone使用中の画面上部に表示されるバナー通知は、なんらかの操作を行うまで消えない「持続的」と、一定時間後に消える「一時的」から選択できる

通知は、ロック画面と通知センター、さらにバナーとして表示可能だが、それぞれ有効／無効を選択できる。重要なアプリはすべてチェックを入れておこう。

プライバシーを完全保護する セキュリティ設定

他人に情報を盗まれないように万全の設定を

iPhone は、プライバシー情報が漏れないように設計されているが、それでも万全ではない。たとえば、iPhone のロック画面からはロックを解除しなくてもコントロールセンターや通知センター、Siri などにアクセスすることができる。これは利便性を向上させるための設計だが、悪用すれば他人が自分の連絡先などの個人情報を入手することさえできてしまうのだ。また、不正アクセスを防ぐために最も重要なパスコードも、デフォルトだと 6 桁の数字なので、あまり強固なセキュリティとは言えない。プライバシー保護を重要視するのであれば、いくつかの設定を変更して安全性を高めておくといい。ただし、右で紹介している設定をすべて実行すると使い勝手も落ちてしまう。バランスを考えて設定するようにしよう。

POINT

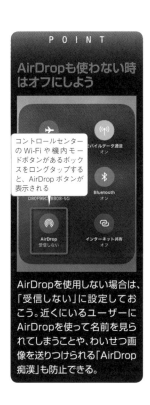

AirDropも使わない時はオフにしよう

コントロールセンターの Wi-Fi や機内モードボタンがあるボックスをロングタップすると、AirDrop ボタンが表示される

AirDropを使用しない場合は、「受信しない」に設定しておこう。近くにいるユーザーにAirDropを使って名前を見られてしまうことや、わいせつ画像を送りつけられる「AirDrop痴漢」も防止できる。

▶ チェックしておきたいプライバシー関連の設定項目

1 ロック中のアクセスをオフにする

「設定」→「Face ID とパスコード」で、「ロック中にアクセスを許可」の各項目をオフに

ロック画面では、「今日の表示（ウィジェット）」や「Siri」などにもアクセスできる。セキュリティ重視ならすべてオフにしよう。特に Siri は、ロック画面で起動し「私は誰？」と話しかけて電話番号などを表示可能なので、安全重視ならオフにするのがおすすめだ。

2 ロック中でも安全にSiriを使う設定

「設定」→「Siri と検索」で、「"Hey Siri" を聞き取る」をオン、「サイド（ホーム）ボタンを押して Siri を使用」をオフ、「ロック中に Siri を許可」をオンにする

前述のように、Siri はロック中でも連絡先などを表示するので危険だが、「サイド（ホーム）ボタンを押して Siri を使用」をオフ、「"Hey siri" を聞き取る」のみオンにすることで、自分の声だけで Siri が起動するようになり、ロック中でも安全に利用できる。

3 見られたくない通知もオフに

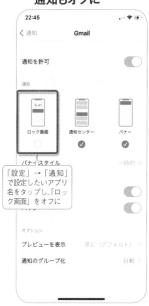

「設定」→「通知」で設定したいアプリ名をタップし、「ロック画面」をオフに

ロック画面にメールアプリの通知が表示されると、他人に内容を盗み見られる可能性がある。見られたくない通知はロック画面の表示をオフにしよう。また、メールやメッセージの通知では、内容をのぞき見されないよう「プレビューを表示」もオフにしておこう。

4 パスコードを英数字に変更する

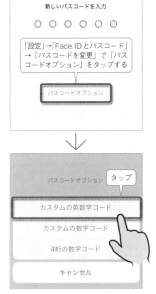

「設定」→「Face IDとパスコード」→「パスコードを変更」で「パスコードオプション」をタップする

通常のパスコードは 6 桁の数字なので、内容によっては推測されやすい。より安全性を考えるなら英数字のコードを使おう。

5 iPhoneの名前を変更しておく

「設定」→「一般」→「情報」で「名前」をタップ

個人情報が含まれない名前に設定しておこう

iPhone の名前は標準だと「〇〇（本名）の iPhone」のように本名が付いてしまう。この名前は AirDrop に表示されるので、別の名前に変更しよう。

6 ロックまでの時間を短くする

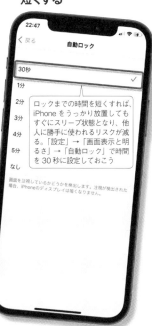

ロックまでの時間を短くすれば、iPhone をうっかり放置してもすぐにスリープ状態となり、他人に勝手に使われるリスクが減る。「設定」→「画面表示と明るさ」→「自動ロック」で時間を 30 秒に設定しておこう

画面を注視しているかどうかを検出します。注視が検出された場合、iPhoneのディスプレイは暗くなりません。

設定とカスタマイズ

187

データ通信 | モバイルデータ通信を
アプリによって使用制限する

意図しない通信が発生しないよう事前に設定する

モバイルデータ通信を使うときは、無駄な通信量をできるだけ抑えたいものだ。とはいえ、Wi-Fi接続がオフになった状態で、うっかり動画をストリーミング再生したり、大きなサイズのデータを共有したりすると、意図せず余計な通信量を消費してしまうことがある。そんな事態を避けたいのであれば、「設定」→「モバイル通信」の画面で、アプリごとにモバイルデータ通信を使うかどうかを設定しておくといい。なお、ミュージックやiTunes Store、App Store、iCloudなどは、モバイルデータ通信の利用に関してさらに細かく設定できる。

1 アプリのデータ通信利用を禁止する

例えば、YouTubeなど動画再生で通信量の増加しがちなアプリはオフにしておくなど、自分の利用状況に合わせて設定しよう

「設定」→「モバイル通信」で、モバイルデータ通信の使用を禁止するアプリのスイッチをオフに。なお、一度モバイルデータ通信を使ったアプリしか表示されないので注意しよう。

2 オフに設定したアプリを起動すると

「設定」をタップして、モバイルデータ通信の使用をすぐに開始することもできる

モバイルデータ通信の使用をオフにしたアプリをWi-Fiオフの状態で起動すると、このようなメッセージが表示される。これで、意図せずデータ通信を使ってしまうことを防止できる。

3 さらに細かく設定できるアプリも

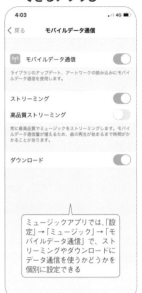

ミュージックアプリでは、「設定」→「ミュージック」→「モバイルデータ通信」で、ストリーミングやダウンロードにデータ通信を使うかどうかを個別に設定できる

ミュージック、iTunes Store、App Store、iCloudおよびサードパーティのアプリの一部では、機能によって細かくモバイルデータ通信を使用するかどうかを設定できる。

188

壁紙 | オリジナルの動く壁紙を設定する

ロック画面をロングタップすると動き出す「Live壁紙」。通常は、カメラで撮影したLive PhotosをLive壁紙として設定できる。しかし、このアプリを使えば、動画からLive壁紙を自作することが可能だ。好きな動画を動く壁紙にしてみよう。

App
Pictalive
作者／Yuta Hirobe
価格／無料

「動画から作成」画面で動画を選択したら、トリミングしたい位置にカーソルを合わせ「次へ」をタップ。再生範囲を確認して「作成」をタップする

「Live Photoを保存」をタップすると、切り取った動画をLive Photosとして保存できる。横長の動画の場合は、「壁紙モード」で拡大せずに保存可能だ。あとは、「設定」→「壁紙」→「壁紙を選択」→「Live Photos」をタップ、保存したLive Photosを選択して「設定」→「ロック中の画面に設定」で、ロック画面に動くLive壁紙を設定できる

189

マスト！

文字入力 | 使わない余計なキーボードはオフにしておこう

iPhoneの標準状態では、日本語かな、英語、日本語ローマ字、絵文字の4種類のキーボードを切り替えて使用することができる。とはいえ、絵文字を使う機会のないユーザーにとっては、キーボードの切り替え時に表示される絵文字キーボードは邪魔なだけだ。普段使わないキーボードは、表示されないようあらかじめ削除してしまおう。なお、削除したキーボードは、同じ設定画面の「新しいキーボードを追加」からいつでも復元できるので安心してほしい。

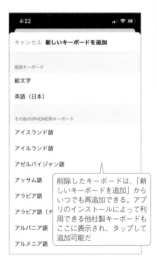

「設定」→「一般」→「キーボード」→「キーボード」で、不要なキーボードを左にスワイプして「削除」をタップ

削除したキーボードは、「新しいキーボードを追加」からいつでも再追加できる。アプリのインストールによって利用できる他社製キーボードもここに表示され、タップして追加可能だ

190 | 文字入力 | 文字入力に他社製の 多彩なキーボードを利用する

顔文字から手書きまでさまざまなキーボードを追加

文字入力を行うキーボードは、標準のものに加え App Store から他社製のものを追加することができる。高精度な手書き入力が行えるものや、SNS で使いたい半角カナや凝った顔文字を簡単に入力できるものなど、（標準キーボードに置き換えるのではなく）オプションとして使いたいものも数多い。ここでは、手書き入力に特化した「mazec」を紹介しよう。

App
mazec
作者／MetaMoJi Corporation
価格／1,100円

1 新しいキーボードを追加する

> インストールしたキーボードが「他社製キーボード」欄に表示されるので、追加利用したいものをタップ

App Store で好きな他社製キーボードアプリを入手したら、「設定」→「一般」→「キーボード」→「キーボード」で「新しいキーボードを追加 ...」をタップ。利用したいものを選択する。

2 フルアクセスを許可する

> 設定を済ませると、キーボードの切り替えボタンで追加キーボードも利用可能になる

「キーボード」画面で追加したキーボード名をタップし、「フルアクセスを許可」のスイッチをオンにすれば、利用可能になる。メモアプリなどでキーボードを切り替えてみよう。

3 手書き入力に特化した「mazec」

> 変換精度は非常に高く、適当な走り書きでもかなり正確に認識してくれる

「mazec」なら、メモやブラウザ、SNS、メッセージなどあらゆるアプリで、文字を手書き入力できる。ひらがな混じりの文字を漢字変換することも可能だ。

---

191 | テキストサイズ | 表示される文字サイズを変更する

画面内の文字が小さくて見にくい場合は、「設定」→「画面表示と明るさ」→「テキストサイズを変更」のスライダで、テキストサイズを調整してみよう。設定項目やメール、メッセージなどはもちろん、App Store からインストールしたものを含めさまざまなアプリの表示文字サイズを7段階で変更できる。また、同じ「画面表示と明るさ」の設定画面で、「文字を太くする」のスイッチをオンにすれば、文字が太文字になり、さらに視認性がアップする。

> 「設定」→「画面表示と明るさ」→「テキストサイズを変更」でスライダを動かすと、文字サイズを変更できる

> 設定や標準アプリの他に、Dynamic Type 機能をサポートした多くのアプリも、文字サイズが変更される。また、キーボードのサイズは変わらないが、変換候補の文字サイズも変わる。特に、メッセージやメールの文字が読みにくい場合は、文字サイズを大きくしてみよう

---

192 | ios14 | サウンド認識 | 聴覚障害者を助ける新しい音声認識機能

iPhone では、耳が不自由な方向けの機能として、「サウンド認識」機能が用意されている。これは、iPhone が周囲の音を聞き取り、火災報知器やサイレンの音、犬や猫の鳴き声、車のクラクション、赤ん坊の泣き声などさまざまな音を認識して、通知表示してくれるという機能だ。認識する音の種類は設定で好きなものを選択することができる。なお、本機能をオンにした場合、Siri を音声で起動する「Hey Siri」の機能が利用できなくなるので注意しよう。

> まずは「設定」→「アクセシビリティ」→「サウンド認識」で「サウンド認識」をオンにする。次に「サウンド」をタップしよう

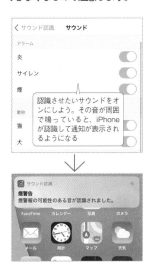

> 認識させたいサウンドをオンにしよう。その音が周囲で鳴っていると、iPhone が認識して通知が表示されるようになる

193 | 機能設定 | 操作を妨げる機能は あらかじめオフにしておこう

不要な機能は 無効化して 誤操作を防止

新モデルの登場やiOSのバージョンアップにともない、新たな機能がどんどん追加されていくが、すべての機能が自分に必要とは限らない。たとえ画期的な新機能でも、あまり使わなかったり、操作に慣れなかったりすることがあるはずだ。さらには、ちょっとした操作ミスで意図しない機能が起動して、邪魔になってしまうこともある。そこで、使わない機能は、あらかじめオフにしておこう。誤操作を未然に防止するとともに、省電力の面でも有効だ。ここで紹介する機能以外も、一度しっかり見直して、不要なものは無効にしておくといい。

Siri

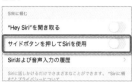

iPhoneに話しかけることで、さまざまな操作や情報検索を行える「Siri」。普段利用せず、スリープ（電源）ボタンをうっかり長押しして誤起動が頻発するなら、「設定」→「Siriと検索」でオフにしよう。

シェイクで取り消し

本体を振ることで、誤入力などを取り消せる「シェイクで取り消し」。意図せず振ってしまうことがあるなら「設定」→「アクセシビリティ」→「タッチ」→「シェイクで取り消し」のスイッチをオフにしよう。

ほかのデバイスでの通話

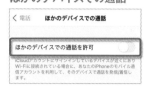

iPhoneにかかってきた電話の着信音が、iPadやMacでも同時に鳴ってしまう人は、「設定」→「電話」→「ほかのデバイスでの通話」のスイッチがオンになっている。邪魔ならオフにしておこう。

手前に傾けてスリープ解除

本体を手にとって手前に傾けるだけでスリープを解除できる機能。不要な際に起動して煩わしい場合は、「設定」→「画面表示と明るさ」→「手前に傾けてスリープ解除」をオフに。省電力にもなる。

音声入力

キーボードに備わる「音声入力」ボタンも、使わないのにうっかり押してしまうことが多い。「設定」→「一般」→「キーボード」で「音声入力」のスイッチをオフにすれば、ボタンも表示されなくなる。

簡易アクセス

画面を下（手前）側に引き下げて片手操作しやすくする「簡易アクセス」機能も、誤って操作してしまいがちだ。不要なら「設定」→「アクセシビリティ」→「タッチ」→「簡易アクセス」でオフにしておこう。

---

194 | ファミリー共有 | ファミリー共有で支払い情報を 一本化しコンテンツを共有する

別々のApple IDを 使っていても 各種共有が可能

家族もiPhoneやiPadを使っているなら「ファミリー共有」の利用を検討しよう。ファミリー共有は、家族がそれぞれ別のApple IDを使っていても、全員が1つの支払い情報でアプリや音楽、映画などの有料コンテンツを購入でき、購入したコンテンツもメンバー全員で共有できる機能だ。また、写真アプリで共有アルバムを作ったり、カレンダーアプリで共有カレンダーを作成することも可能。さらに、Apple MusicやApple TV+、Apple Arcadeなどのサブスクリプションサービスでも、お得なファミリープランに入ることができる。

1 ファミリー共有の 設定を開始する

設定でApple IDのサインイン（支払い情報の登録が必須）を済ませたら、設定画面上部のApple ID名をタップし、「ファミリー共有を設定」をタップ。

2 家族メンバーに 登録案内を送る

はじめての場合は「ファミリーを設定」→「登録を依頼」をタップし、登録案内のメッセージを家族宛てに送信しよう。家族側は受信した登録案内をタップすればファミリーに登録できる。

3 購入したアイテムも 共有できる

ファミリーメンバーの支払い情報は、管理者の登録クレジットカードに一本化され、それぞれが購入したアイテムも共有できるようになる。

7

生活
お役立ち技

日常のあらゆるシーンで活躍するiPhone。
旅行はもちろん日々の移動で助かる
Googleマップの活用法をはじめ
天気予報や翻訳、電子書籍など
毎日の生活をサポートしてくれるアプリが満載。

10月

日	月	火	水	木	金	土
				1	2	3
4	5	6	7	8	9	10
11	12	13	14	15	16	17
18	19	20	21	22	23	24
25	26	27	28	29	30	31

カレンダー

 App Store
 時計
 カメラ

 ● LINE
 メール

 Google Maps
 乗換案内
 ● YouTube

 Dropbox
 連絡先
 ドライブ

195

ヘルスケア

ヘルスケアアプリで
健康的な生活を管理する

さまざな健康データをまとめて管理

「ヘルスケア」は、iPhone や他社製アプリが記録した健康データを集約し、まとめて管理できるアプリだ。iPhone を持ち歩いているだけで、歩数や移動距離を計測してくれるほか、Apple Watch を使えば心拍数や血圧なども計測できる。過去の記録は月日や時間帯ごとにグラフ表示で確認できるので、日々の健康管理や運動不足の解消に役立てよう。また睡眠機能を設定しておけば、睡眠時間の集計やスケジュールによるおやすみモードの有効化、就寝前の音楽再生などを実行し、規則正しい生活をおくれるようサポートしてくれる。

1 プロフィールを設定しておく

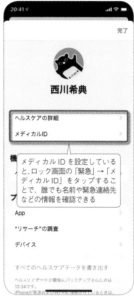

「概要」タブ右上のユーザーボタンをタップし、「ヘルスケアの詳細」と「メディカル ID」に名前や生年月日、身長体重などの情報を登録しておこう。

2 ヘルスケアデータを表示する

「ブラウズ」タブを開くと、「アクティビティ」で今日の歩数や距離を確認したり、「睡眠」で睡眠スケジュールを設定できる。

3 よく使う項目を編集する

「概要」タブの「編集」をタップして、ヘルスケアデータをタップすると、そのデータが「よく使う項目」に表示されるようになる。

196

地図

使ってみると便利すぎる
Google マップの経路検索

2つの地点の最短ルートと所要時間が分かる

iOS の標準マップアプリよりもさらに情報量が多く、正確な地図アプリが「Google マップ」だ。特に「経路検索」機能は強力で、指定した2つの地点を結ぶ最適なルートと距離、所要時間を、自動車／公共交通機関／徒歩などそれぞれの移動手段別に割り出してくれる。対応エリアでは、タクシーの配車なども可能。自動車と徒歩では、ナビ機能も利用できる。

App

Google マップ
作者／Google, Inc.
価格／無料

1 経路検索モードでルートを検索する

右下の経路検索ボタンをタップ。移動手段を自動車、公共交通機関、徒歩、タクシー、自転車、飛行機から選択し、出発地および目的地を入力する。

2 ルートと距離所要時間が表示

自動車で検索すると、最適なルートがカラーのラインで、別の候補がグレーのラインで表示され、画面下部に所要時間と距離も示される。

3 乗換案内として利用する

移動手段に公共交通機関を選べば、複数の経路がリスト表示される。ひとつ選んでタップすれば、地図上のルートと詳細な乗換案内を表示する。

197

地図

今いる場所や
目的地を正確に
知らせよう

今いる場所や目的地、待ち合わせ場所を正確に伝えたいときは、GoogleマップやLINEを使えばスムーズだ。Googleマップの場合、現在地の青丸をタップして「現在地を共有」をタップするか、またはマップ上をロングタップして

地点の詳細画面で「共有」をタップし、メッセージなどで相手に送信すればよい。LINEの場合は、トーク画面の左下にある「＋」→「位置情報」メニューをタップすれば、現在地や指定地点を送信できる。

Googleマップで送信したい地点をロングタップし、「共有」をタップしてメッセージなどのアプリを選択すると、正確な場所を相手に送信できる

LINEではトーク画面で「＋」をタップし、続けて「位置情報」を選択。地図の画面が表示されるので、「この位置を送信」をタップしよう。地図をドラッグして送信する位置を変更することもできる

198

地図

Googleマップで
調べたスポットを
ブックマーク

Googleマップで調べたスポットは、ブックマークのように保存しておける。保存したスポットには、「保存済み」タブの「自分のリスト」から素早くアクセスすることが可能だ。保存先リストとして「スター付き」「お気に入り」

「行ってみたい」「ラベル付き」があらかじめ用意されているほか、リストを新規作成することもできる。旅行先で訪れたい場所や、仕事で巡回する訪問先など、調べたスポットは忘れないうちに保存して、マップをさらに活用しよう。

保存したい場所を検索するかロングタップでピンを立て、画面下に表示される地点名をタップ。詳細画面が開いたら、「保存」をタップして保存先リストを選択しよう

下部メニュー「保存済み」タブの「自分のリスト」にあるリスト名をタップすると、それぞれのスポットに素早くアクセスできる。「＋新しいリスト」をタップして新規リストの作成も可能。保存したスポットは、マップ上でスターやハートで表示されるのですぐに見つけられる

199

地図

通信量節約にも
なるオフライン
マップを活用

Googleマップは、オフラインでも地図を表示できる「オフラインマップ」機能を備えている。あらかじめ指定した範囲の地図データをダウンロードしておくことで、圏外や機内モードの状態でもGoogleマップを利用でき、通信

量の節約にもなる。またスポット検索やルート検索（自動車のみ）、ナビ機能なども利用可能だ。特に電波の届きにくい山の中や離島に行くことがあれば、その範囲をダウンロードしておくと助かるはずだ。

Googleマップの検索ボックス右にあるアカウントボタンをタップしてメニューを開き、「オフラインマップ」をタップ。続けて「自分の地図を選択」をタップする

ダウンロードしたいエリアを枠内に入れて「ダウンロード」をタップしよう。ダウンロードするにはWi-Fi接続が必要（歯車ボタンから設定を変更すればモバイル通信でもダウンロードできる）。またファイルサイズも大きいので、空き容量に注意しよう

200

地図

Googleマップに
自宅や職場を
登録する

日本国内はもちろん世界中の地図を確認できるGoogleマップだが、日常的には自宅や職場周辺を調べたり、同じく自宅や職場を出発地や目的地とした経路検索を行うことが多いだろう。そこで、自宅や職場の住所をあらかじめ登

録しておけば使い勝手が大きく向上する。下部メニュー「保存済み」タブの「自分のリスト」にある「ラベル付き」をタップ。続けて「自宅」および「職場」をタップして、それぞれの住所を入力しよう。

「保存済み」タブの「自分のリスト」にある［ラベル付き］をタップし、「自宅」および「職場」をタップして住所を入力する。右端のオプションボタン（3つのドット）で、編集や削除を行える

経路を検索する際は、「自宅」や「職場」をタップするだけですばやく目的地に設定できるようになる

生活お役立ち技

91

201

地図

Googleマップを片手操作で拡大縮小する

Googleマップは2本の指の間隔を広げたり狭めたりする操作（ピンチイン・ピンチアウト）で表示エリアをなめらかに拡大・縮小できる。しかし、両手を使わないとこの操作を行うのは難しい。ダブルタップで段階的に拡大することは可能だが、細かい調整ができない上に縮小も不可能なので、いまひとつ使いづらいはずだ。そこで、ここで紹介する操作方法を覚えておこう。

その操作方法とは、持ち手の親指で地図をダブルタップしたあと、そのまま親指を離さずに上下にスライドさせるというもの。上にスライドすれば縮小、下にスライドすれば拡大となる。これなら片手だけで自在にGoogleマップを操ることができる。地図の回転や角度の変更をすることはできないが、片手がふさがっている場合には十分に有効な手段だ。

親指でダブルタップ

親指を離さずに上スライドで縮小、下スライドで拡大できる

202

地図

以前調べた場所を思い出せない時は

Googleマップで検索ボックス右にあるアカウントボタンをタップしてメニューを開き、「設定」→「マップの履歴」をタップすると、「マップのアクティビティ」画面が開いて、以前に検索した場所や表示した場所の履歴を確認できる。例えば、3日前に調べたカフェの名前も場所も思い出せない…といった時は、この履歴から探し出すのがおすすめ。また履歴をキーワードで検索したり、「日付でフィルタ」で期間を指定することもできる。

Googleマップで検索ボックス右にあるアカウントボタンをタップしてメニューを開き、「設定」→「マップの履歴」をタップ

以前に検索した場所や表示した場所の履歴が一覧表示され、履歴をタップするとその場所を表示できる。また履歴をキーワード検索したり日付で絞り込み表示することも可能

203

地図

Googleマップのシークレットモードを使う

Googleマップで検索したり訪問した場所の履歴を残したくない時は、「シークレットモード」を使おう。検索ボックス右にあるアカウントボタンをタップしてメニューを開き、「シークレットモードをオンにする」をタップすればよい。機能が有効になり、検索履歴や訪問履歴を残さずマップを利用できるようになる。通常モード元に戻すには、アカウントボタンをタップして「シークレットモードをオフにする」をタップすればよい。

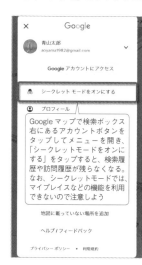

Googleマップで検索ボックス右にあるアカウントボタンをタップしてメニューを開き、「シークレットモードをオンにする」をタップすると、検索履歴や訪問履歴が残らなくなる。なお、シークレットモードでは、マイプレイスなどの機能を利用できないので注意しよう

アカウントボタンをタップして「シークレットモードをオフにする」をタップすると、シークレットモードが解除され元に戻る

204

地図

地下の移動時はYahoo!マップを利用しよう

iPhoneで使うマップアプリは、情報量が多く多機能な「Googleマップ」がおすすめだが、地下に関しては「Yahoo! MAP」の方が優秀だ。地下街を表示すると、出口や階段、店舗名やトイレの位置まで表示される。

App

Yahoo! MAP
作者／Yahoo Japan Corp.
価格／無料

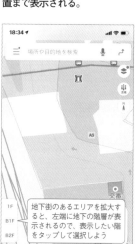

地下街のあるエリアを拡大すると、左端に地下の階層が表示されるので、表示したい階をタップして選択しよう

このように、地下街の出口、階段、店、トイレの位置まで詳細に表示される。迷いやすい地下もこのアプリがあれば安心だ

SECTION 7

205

乗換案内 | 柔軟な条件を迷わず設定できる
最高の乗換案内アプリ

電車移動を強力にサポートするベストアプリ

電車移動に必須の乗換案内アプリ。おすすめは条件入力がわかりやすく検索結果の画面もみやすい「Yahoo!乗換案内」だ。自分に合った移動スピードや座席の指定、運賃種別など、細かな条件設定が行えるのはもちろん、1本前と1本後での再検索、全通過駅の表示、乗り換えに最適な車両の案内など役立つ機能も満載だ。

App

Yahoo!乗換案内
作者／Yahoo Japan Corp.
価格／無料

1 出発駅、到着駅経由駅を設定する

「ルート検索」画面で、出発駅や経由駅、到着駅を入力して検索しよう。一度入力した駅名は履歴に残るので再入力も簡単だ。

2 日時の設定もスムーズに行える

乗換案内画面の「現在時刻」をタップすれば、出発や到着の日時を指定できる。指定日の始発および終電を検索することも可能だ。

3 検索結果が表示される

検索結果の上部タブで、所要時間／乗換回数／料金順に並べ替えできる。一本前や一本後の電車で再検索できるのも便利だ。経路を一つ選んでタップすれば、より詳細な乗換情報が表示される

206

乗換案内 | 乗換情報はスクショで保存、共有がオススメ

「Yahoo!乗換案内」（No205で解説）の検索結果を家族や友人に伝えたい場合、検索結果の「予定を共有」をタップすれば、メッセージやLINEで送信できる。ただこの方法だとテキストで送信されるので、パッと見ただけでは

ルートが分かりづらい。同じく検索結果画面に用意された「スクショ」ボタンで、視覚的に分かりやすい画像にして送るのがおすすめだ。1画面に収まらない長いルートでも、1枚の縦長画像として保存し、送信できる。

検索結果から共有したいルートを表示したら、上部の「スクショ」ボタンをタップしよう

見えない部分も含め、ルートが1枚の画像として写真アプリ内に保存されるので、この画像を送信しよう。LINEでそのまま画像を共有することも可能だ

207

乗換案内 | 混雑や遅延を避けて乗換検索する

特に首都圏の電車では、事故や点検によって遅れが発生したり、イベント開催で大混雑するといった事態が日常茶飯事だが、できればうまく避けて別の路線やバスで迂回したい。そんな時にも、No205で紹介した「Yahoo!乗

換案内」が活躍する。路線の運行情報をいち早くチェックできるだけでなく、遅延や運休時に迂回路をすばやく再検索できる。また、検索結果画面下部の「迂回」をタップすれば、指定路線を避けた迂回路を再検索できる。

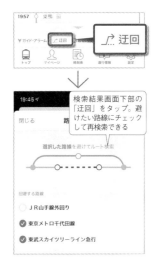

検索結果に遅延や運休がある時は、上部に「詳細と迂回路」と表示されるので、これをタップ。回避対象の路線にチェックして、迂回路を検索できる。また、「運行情報」画面で路線を選び、「混雑予報」を開くと4日先までの混雑予測を確認できる

検索結果画面下部の「迂回」をタップ。避けたい路線にチェックして再検索できる

208 | 天気予報 | 雨雲レーダーも搭載した 決定版天気予報アプリ

最も見やすく 最も実用的な 天気予報アプリ

現在地や設定地点の17日間の天気予報、最高/最低気温、降水確率などを1画面で確認できる実用性の高い天気予報アプリ。1時間ごとの気温や降水確率も最大72時間までチェックできる。地域は複数設定でき、ゲリラ豪雨回避に必須の雨雲レーダーや、天気予報の通知など、役立つ機能を多数搭載した決定版アプリだ。

App
Yahoo!天気
作者／Yahoo Japan Corp.
価格／無料

1 知りたい情報を 1画面で確認

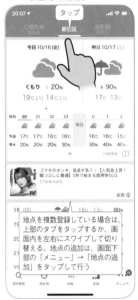

地点を複数登録している場合は、上部のタブをタップするか、画面内を左右にスワイプして切り替える。地点の追加は、画面下部の「メニュー」→「地点の追加」をタップして行う

登録地点の天気予報、最高気温、最低気温、降水確率などをまとめて確認できる。下部の「全国」タブで全国の天気予報を表示。

2 雨雲レーダーで ゲリラ豪雨を回避

しっかりチェックすればゲリラ豪雨を回避したり、外出時に傘が必要かどうかを判断できる。また、雷レーダーなども確認できる

画面下部中央の「雨雲」をタップすれば、雨雲の動きをリアルタイムにチェックできる「雨雲レーダー」を利用できる。

3 雨雲の接近を 通知で知らせる

オンにする。表示される歯車ボタンをタップして、通知地点と通知時間帯を設定できる

「雨雲接近」だけではなく、「天気予報」「気温差」「気象警報」「台風情報」などの通知も利用できる

下部の「メニュー」→「アプリの設定」→「プッシュ通知設定」で、雨雲接近の通知をオンにしておけば、指定した地点に雨雲が接近した際に通知する。

---

209 | 電子マネー | 話題のスマホ決済を iPhoneで利用する

お得に使える QRコード決済で キャッシュレス生活

スマホを使って店に支払う「スマホ決済」をiPhoneでも利用するには、No028で解説した「Apple Pay」を利用するほかに、「QRコード決済」を使う方法もある。店頭でQRコードやバーコードを提示して読み取ってもらうか、店頭にあるQRコードをスキャンして支払う方法で、いわゆる「○○ペイ」系のサービスだ。ここでは「PayPay」を例に基本的な使い方を解説する。

App
PayPay
作者／PayPay Corporation
価格／無料

1 残高をチャージ しておく

PayPayを起動してユーザー登録を済ませたら、まずはホーム画面の「チャージ」をタップ。銀行口座やヤフーカードと連携を済ませて、支払いに使うPayPay残高をチャージしておこう。

2 店側にバーコードを 読み取ってもらう

PayPayの支払い方法は2パターン。店側に読み取り端末がある場合は、ホーム画面のバーコード、または「支払う」をタップして表示されるバーコードを、店員に読み取ってもらおう。

3 店のQRコードを スキャンして支払う

店側に端末がなくQRコードが表示されている場合は、「スキャン」をタップしてQRコードを読み取り、金額を入力。店員に金額を確認してもらい、「支払う」をタップすればよい。

SECTION 7

210

翻訳

外国人との会話に助かる翻訳アプリ

11言語の会話やテキストを翻訳できる

iPhoneには、11言語に対応した「翻訳」アプリが標準で用意されている。上部のボタンで翻訳したい2つの言語を選択すれば準備は完了。外国人と会話したい場合は、画面を横向きにした「会話モード」が使いやすい。交互にマイクボタンをタップして話せば、発言が翻訳され音声として自動で再生される。翻訳したテキストを画面に大きく表示できる「アテンションモード」も海外旅行先で助かる機能だ。また、縦画面で使えば、入力したテキストの翻訳も可能だ。さらに、言語データをダウンロードしておけば、オフラインでの翻訳も利用できる。

1 翻訳する言語を選択する

まずは上部のボタンで翻訳したい語を選択しよう。基本的に左で自分の言語、右で翻訳する言語を選べばよい。選択画面の一番下にある「自動検出」をオンにしておけば、話している言語を自動で判断する。

2 横画面にして会話モードを利用する

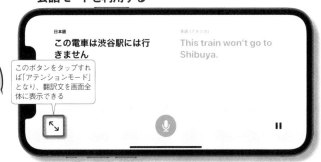

画面を横向きにすると（コントロールセンターで画面の縦向きロックをオフにしておく）会話モードになる。マイクボタンをタップし設定した言語で話せば、翻訳された言語が自動的に音声で再生される。交互にマイクをタップして話せば、スムーズに会話が成立するはずだ。

3 オフラインでも翻訳可能にする

言語選択画面を下にスクロールすると、「オフラインで利用可能な言語」が一覧表示されている。言語名右のボタンをタップすればデータをダウンロードでき、オフラインでも言語を翻訳できるようになる。海外でネットもつながらないピンチに陥った際に助ける機能なので、旅行前にダウンロードしておきたい。

タップしてダウンロード

211

音声入力

音声入力やSiriを外国語の発音チェックに使う

音声入力言語に外国語を追加しておけば、音声入力を外国語に切り替えて入力できるようになる。またSiriの言語を外国語に変更しておけば、外国語で話しかけてSiriが反応するようになる。ただし正確な発音で話しかけないと、正しい文章を音声入力できないし、Siriもうまく反応してくれない。これを利用して、外国語の正しい発音チェックに役立てよう。iPhoneが正しく反応する発音であれば、ネイティブスピーカー相手にも通用するはずだ。

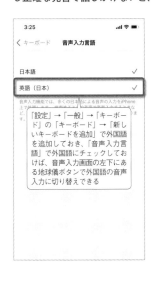

「設定」→「一般」→「キーボード」の「キーボード」→「新しいキーボードを追加」で外国語を追加しておき、「音声入力言語」で外国語にチェックしておけば、音声入力画面の左下にある地球儀ボタンで外国語の音声入力に切り替えできる

「設定」→「Siriと検索」→「言語」を外国語に変更しておけば、Siriが外国語で応答するようになる

212

グルメ

食べログのランキングを無料で見る

定番のグルメサイト「食べログ」では、エリアとジャンルを設定してランキングを表示することが可能だ。評価の高い順にお店をチェックできる便利な機能だが、アプリ版では5位までしか表示されず、完全版を見るには月額300円（税抜）のプレミアムサービスに登録する必要がある。ところが、Webのデスクトップ版で表示すると、このランキングを無料ですべて見ることが可能だ。Safariで食べログにアクセスしデスクトップ版を表示しよう。

Safariで食べログにアクセス。アプリが起動してしまう場合は、Googleで「食べログ」と検索し、検索結果のリンクをロングタップし「開く」を選択しよう。アクセスしたら、スマート検索フィールドの左側にある「AA」ボタンをタップし、メニューから「デスクトップ用Webサイトを表示」をタップ

デスクトップ版の食べログで検索し、「ランキング」タブをタップすると、完全版のランキングを無料でチェックすることができる

213 宅配便の配送状況を確認する

マスト！

荷物追跡

Amazonや楽天などのECサイトと連携しておけば、購入した商品が自動で登録されて配送状況を追跡できるアプリ。荷物が最寄りの営業所に届いたり不在による持ち戻りがあるとプッシュ通知が届き、素早く再配達を依頼できる。

App

ウケトル
作者／株式会社ウケトル
価格／無料

まず左上の三本線ボタンをタップしてメニューを開き、Amazonや楽天など利用するECサイトとの連携を済ませておこう

EC サイトで購入した商品が自動で登録され、ヤマト運輸、佐川急便、日本郵便などの荷物を追跡できる。荷物が間もなく届く「すぐそこ通知」や「不在通知」がプッシュ通知され、再配達依頼も素早く行える

214 電子書籍の気になる文章を保存しておく

電子書籍

Amazonの電子書籍を読める「Kindle」アプリなら、あとで読み返したい文章に蛍光ラインを引いて、簡単に保存しておける。ハイライトは4色に色分けでき、まとめて表示することも可能だ。

App

Kindle
作者／AMZN Mobile LLC
価格／無料

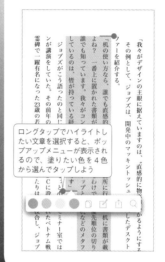

画面内を一度タップしてメニューを表示させ、上部のマイノートボタンをタップすると、ハイライトした文章をまとめて確認できる

ロングタップでハイライトしたい文章を選択すると、ポップアップメニューが表示されるので、塗りたい色を4色から選んでタップしよう

215 通勤・通学中に音声で読書しよう

オーディオブック

Amazonのオーディオブックサービス「オーディブル」なら、ビジネス書や小説など幅広いラインナップを、プロの声優やナレーターによる朗読で楽しめる。月額1,500円だが、30日間は無料で試用できる。

App

オーディブル
作者／Audible, Inc.
価格／無料

Amazonアカウントでサインインしたら、下部メニューの「コンテンツ」をタップして、聴きたい本を探そう。なお、オーディブルの会員登録と、オーディオブックの購入は、Safariから行う必要がある

著者：池井戸 潤
ナレーター：吉田 健太郎
★★★★★ 120 ｜ 9時間18分

▶ サンプルを聴く

「サンプルを聴く」をタップすると、朗読のサンプルを聴くことができる。気になる本は「ウィッシュリストに追加」で追加しておこう

216 電車内や図書館でアラームを使う

マスト！

アラーム

iPhoneの標準「時計」アプリのアラーム機能では、イヤホンを装着している状態でもスピーカーからサウンドが鳴ってしまい、電車や図書館などでは周りに迷惑がかかることも。そこで、イヤホンを装着している際は、イヤホンからのみアラーム音が鳴るこのアプリを利用しよう。標準の時計アプリに近いインターフェイスで、アラームの設定も迷わず行えるはずだ。なお、サイレントモードや音量が0の状態だとアラーム音が鳴らないので注意しよう。

イヤホンを装着していればイヤホンから、装着していなければスピーカーから音が鳴る仕組みだ。あらかじめ本体の「設定」→「通知」で、「アラーム＆タイマー」の通知をオンにしておくこと

App

アラーム ＆ タイマー
作者／KAZUTERU YOKOI
価格／無料

画面下部メニューで「アラーム」を選び、「＋」でアラームの時刻やアラーム音を設定。最後に右上の「保存」をタップしよう。

SECTION 7

SECTION

トラブル
解決と
メンテナンス

iPhoneで起こりがちな大小さまざまな
トラブルは、決まった対処法を覚えておけば
決して怖いものではない。
転ばぬ先のメンテナンス法と合わせて、
よくあるトラブルの解決法をまとめて紹介。

動作にトラブルが発生した際の対処方法総まとめ

動きが止まる動作が重いなどをまるごと解決

登場からすでに何世代ものモデルがリリースされているiPhoneは、かつてにくらべると動作の安定感は抜群に向上している。とは言え、フリーズ（動作が停止し操作不能な状態）やアプリが起動しない、Wi-Fiがつながらない、動作が重い……といった症状に見舞われてしまう可能性はゼロではない。ここでは、そんなトラブル発生時にまずは試したい、簡単な対処法をまとめて紹介する。

まず、各アプリをはじめ、Wi-FiやBluetoothなどの機能が動作しない、調子が悪いといった際は、該当するアプリや機能をいったん終了させて再度起動させるのが基本だ。強制終了してもまだ調子が悪いアプリの場合は、一度アプリを削除してから再インストールし直してみよう。それでも改善されない場合は、本体の電源をオフにし再起動させてみよう。電源オフさえ受け付けない状態であれば、右で解説している手順で本体の強制再起動を行おう。

さらに、設定から各種データをリセットすると、症状が改善されることもある。該当する項目をタップしてリセットを試みよう。どうしても解決できない時は「すべてのコンテンツと設定を消去」で、工場出荷状態に戻そう（No243で解説）。ただし、バックアップを取っていないと、すべてのセッティングをいちからやり直すことになるので注意が必要だ。以上の方法や、ネットの情報などでも解決できない場合は、「Appleサポート」アプリを利用してみよう（No239で解説）。

＞ まず試したいトラブル解決の基本対処法

1 各機能をオフにしもう一度オンに戻す

オフにしてすぐオンに戻す。これだけの操作で不調が解消されることも多い。なおコントロールセンターのボタンでは、Wi-FiとBluetoothを完全にオフにできないので、「設定」でスイッチを操作しよう

Wi-FiやBluetoothなど、個別の機能が動作しない場合は、設定からその機能を一度オフにして、再度オンにしてみよう。

2 不調なアプリは一度終了させよう

画面の下から上にスワイプする途中で止めると、Appスイッチャーが表示される。不調なアプリを上にフリックして、強制終了させよう。プレイヤーや通話アプリなど、特にバックグラウンドで動作するアプリはこの状態で完全に終了させた後、再度起動すると状況が改善する場合が多い

アプリが不調な場合は、一度アプリを強制終了してから再起動してみよう。Appスイッチャー画面で、アプリを上にスワイプすれば、そのアプリを強制的に終了できる。

3 アプリを削除して再インストールする

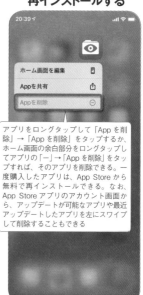

アプリをロングタップして「Appを削除」→「Appを削除」をタップするか、ホーム画面の余白部分をロングタップしてアプリの「－」→「Appを削除」をタップすれば、そのアプリを削除できる。一度購入したアプリは、App Storeから無料で再インストールできる。なお、App Storeアプリのアカウント画面から、アップデートが可能なアプリや最近アップデートしたアプリを左にスワイプして削除することもできる

再起動してもアプリの調子が悪いなら、一度アプリを削除し、App Storeから再インストールしてみよう。これでアプリの不調が直る場合も多い。

＞ 基本的な対処法で解決できなかった場合は

1 本体の電源を切って再起動してみる

iPhone X以降は電源ボタンといずれかの音量ボタンを、その他の機種では電源ボタンを押し続けると表示される、「スライドで電源オフ」を右にスワイプ

物理的な故障などでボタンが効かない場合は、「設定」→「一般」→「システム終了」でもスライダが表示される

スリープ（電源）ボタンと音量ボタン、または電源ボタンを押し続けると表示される、「スライドで電源オフ」を右にスワイプすると本体の電源が切れる。その後スリープ（電源）ボタンを長押しして再起動。

2 本体を強制的に再起動する

音量を上げるボタンを押してすぐ離し、続けて音量を下げるボタンを押してすぐ離す。最後に電源ボタンを長押しすれば強制再起動できる

「スライドで電源オフ」が表示されない場合や、画面が真っ暗な状態、タッチしても反応しない時は、本体を再起動させよう。iPhone X以降と8／8 Plusは上記手順で、iPhone 7／7 Plusは電源ボタンと音量を下げるボタンを同時に長押し、iPhone 6s以前の機種は電源ボタンとホームボタンを同時に長押しすればよい。

3 それでもダメなら各種リセット

まだ調子が悪いなら「設定」→「一般」→「リセット」の項目を試してみよう。端末内のデータが消えていいなら、「すべてのコンテンツと設定を消去」（No243で解説）で初期化するのが確実。

218

紛失対策 | なくしてしまったiPhoneを見つけ出す方法

所在地のマップ確認やメッセージ送信など緊急の対処が可能

iPhone の紛失に備えて、iCloud の「探す」機能を有効にしておこう。設定を済ませておけば、紛失した iPhone が発信する位置情報をマップ上で確認できるようになる。探し出す際は、iPhone や iPad、Mac の「探す」アプリを使うか、Windows などの場合は Web ブラウザで iCloud.com へアクセスし、「iPhone を探す」メニューを利用しよう。

紛失した端末のバッテリーが切れたりオフラインであっても諦める必要はない。バッテリー切れ直前の位置情報を発信したり、オフラインでも位置情報を取得できる高度な仕組みが採用されている。iCloud の「探す」機能を有効にすれば、オフラインでも暗号化した位置情報を Bluetooth で発信するようになる。これを近くにいる第三者ユーザーの iPhone が受信して、Apple に送信。その情報を使って位置情報を確認できるのだ。

また、「紛失としてマーク」（iCloud.com では「紛失モード」）を利用すれば、即座にiPhone をロック（パスコード非設定の場合は遠隔で設定）したり、画面に拾ってくれた人へのメッセージと「電話」ボタンを表示することが可能だ。これでこの iPhone を、遠隔で設定した電話番号への発信のみ操作が可能な状態にできる。地図上のポイントを探しても見つからない場合は、「サウンドを再生」や「iPhone を消去」で徐々に大きくなる音を鳴らしてみる。発見が絶望的で情報漏洩阻止を優先したい場合は、「このデバイスを消去」ですべてのコンテンツや設定を削除してしまおう。

> 事前の設定と紛失時の操作手順

1 Apple IDの設定で「探す」をタップ

設定の一番上に表示される Apple ID をタップし、「探す」→「iPhone を探す」をタップ。なお、「設定」→「プライバシー」→「位置情報サービス」で「位置情報サービス」のスイッチもオンにしておくこと。

2 「iPhoneを探す」の設定を確認

「iPhone を探す」がオンになっていることを確認しよう。また、「"探す"のネットワーク」をオンにしておけば、この端末がオフラインの時でも、他の iPhone や iPad で探せるようになる。「最後の位置情報を送信」もオンにしておけば、バッテリーが切れる直前にあった場所を確認できる。

3 「探す」アプリで紛失したiPhoneを探す

「デバイスを探す」画面で紛失した iPhone 名をタップ

iPhone を紛失した際は、他の iPhone や iPad、Mac で「探す」アプリを起動するか、Windows などの場合は Web ブラウザで iCloud.com にアクセスし、「iPhone を探す」を表示しよう。どちらも紛失した iPhone と同じ Apple ID でサインインすること。「デバイスを探す」（iCloud.com では「すべてのデバイス」）をタップして紛失した iPhone を選択すると、現在地がマップ上に表示される。オフラインの場合は、検出された現在地が黒い画面の端末アイコンで表示される。

4 サウンドを鳴らして位置を特定

マップ上のポイントを探しても見つからない時は、「サウンドを再生」をタップしよう。徐々に大きくなるサウンドが約2分間再生される。ただし、端末がオフラインの時は鳴らすことはできない。「検出時に通知」をオンにしておけば、紛失した端末がオンラインに復帰した時に、メールで知らせてくれる。

5 「紛失としてマーク」で端末をロックする

端末がオフラインだと「紛失としてマーク（紛失モード）」は有効にできない

「紛失としてマーク」の「有効にする」をタップ（iCloud.com では「紛失モード」を選択）すると、端末が紛失モードになる。電話番号と拾った人へのメッセージを入力しよう。パスコードロックを設定していない場合は、遠隔で新しいパスコードの設定も可能だ。紛失モード中は画面がロックされ、入力した番号への「電話」ボタンのみ表示されるほか、Apple Pay も無効化される。

6 情報漏洩の阻止を優先するなら端末を消去

情報漏洩の阻止を優先する場合は、「このデバイスを消去」をタップ（iCloud.com では「iPhone を消去」を選択）。電話番号やメッセージの入力を進めていき、iPhone のすべてのデータを消去しよう。消去した iPhone は現在地を追跡できなくなるが、アカウントからデバイスを削除しなければ、持ち主の許可なしにデバイスを再アクティベートできないので、紛失した端末を勝手に使ったり売ったりすることはできない。

トラブル解決とメンテナンス

Apple Payの紛失対策と復元方法

Apple Payのカード情報を削除・復元する方法を知っておこう

Apple Pay（No028で解説）にクレジットカードやSuicaを登録しておけば、iPhoneで手軽に支払いできて便利だが、不正利用されないかセキュリティ面も気になるところ。iPhoneを紛失した場合や、登録したクレジットカードやSuicaが消えた場合など、万一の際の対策方法を知っておこう。

Apple Payの利用には、基本的にFace IDやパスコードの認証が必要だが、エクスプレスカードとして登録されたSuicaだけは認証なしで利用できてしまうので、不正利用されるリスクが高い。そこで、iPhoneを紛失した際は、まず「探す」（No218で解説）で紛失モードを有効にしよう。これでApple Payが一時的に利用できなくなる。ただしiPhoneがオフラインの状態だと、紛失モードでSuicaの利用を停止できない。万全を期すなら、iCloud.comの「アカウント設定」画面から、Apple Payに登録されたカード情報をすべて削除してしまうのが安心だ。これで完全にApple Payの利用ができなくなる。

Apple Payの登録カードをすべて削除しても、復元は簡単に行える。紛失モードを解除してWalletアプリを起動したら、クレジットカードの場合はあらためて登録し直すだけだ。Suicaは削除した時点で残高などの情報がiCloudにバックアップされているので、履歴からカードを再追加すれば復元できる。ただし、午前2〜4時にSuicaを削除した場合は、午前5時以降でないと復元できないので注意しよう。

▶ iPhoneを紛失した場合の対処法

1 紛失に備えて設定を確認しておく

「設定」を開いたら上部のApple IDをタップし、「探す」→「iPhoneを探す」→「iPhoneを探す」と「iCloud」→「Wallet」が、それぞれオンになっていることを確認。

2 紛失としてマークしApple Payを停止

iPhoneを紛失した際は、「探す」アプリで紛失した端末を選択し、「紛失としてマーク」の「有効にする」をタップしよう（iCloud.comで操作する場合は、「紛失モード」を選択）。これでApple Payの利用を一時的に停止することができる。

3 念のためカード情報も削除しておく

デバイスがオフラインだと、紛失モードを実行してもSuicaが不正利用される可能性があるので、念のため削除しておこう

パソコンがあるならカード情報も削除しておこう。ブラウザでiCloud（https://www.icloud.com/）にアクセスし、「アカウント設定」画面で紛失したiPhoneを選択。Apple Pay欄の「すべてを削除」をクリックする。

▶ Suicaやクレカが消えた場合の復元方法

1 Walletアプリを起動して「＋」をタップ

一度Apple IDをサインアウトした場合、またはパスコードをオフにした場合も、Apple Payのカード情報が削除されてしまうので、「＋」をタップして追加し直そう

自分で削除した、または何らかのトラブルで消えたクレジットカードやSuicaを復元するには、Walletアプリを起動して、「＋」をタップ。復元するカードの種類を選択しよう。

2 クレジットカードは登録履歴から復元

セキュリティコードの入力だけでOK

削除したクレジットカードは、改めて登録し直す必要がある。ただ、一度登録したカードは履歴が残っているので、セキュリティコードを入力するだけで復元できる。

3 削除したSuicaを再度追加して復元

再追加するSuicaを選択

午前2〜4時に削除したSuicaは、午前5時以降でないと復元できない点に注意

Suicaの場合は、端末やiCloud.comから削除した時点で、データがiCloudに保存されている。「カードを追加」で再追加するSuicaを選択すれば、きっちり残高が復元される。

220 | バックアップ | いざという時に備えてiPhoneの環境をiCloudにバックアップする

iPhone単体で自動的にバックアップできる

iPhoneは「iCloudバックアップ」が有効で、電源およびWi-Fiに接続中の状態なら、毎日定期的に自動バックアップを作成してくれる。本体の設定、メッセージや通話履歴、インストール済みアプリなどは、このiCloudバックアップで一通り復元可能だ。アプリ内で保存した書類やデータ、Game Center対応のゲームデータも復元できる。アプリのパスワードなどは基本的に消えるので再ログインが必要だが、「iCloudキーチェーン」（No174で解説）で保存されたパスワードは、ワンタップで呼び出してログインできる。

1 「iCloudバックアップ」をオンにしておく

「設定」上部のApple IDをタップし、「iCloud」→「iCloud バックアップ」をタップ。スイッチをオンにしておけば、電源およびWi-Fi接続中に自動でバックアップを作成する。

2 バックアップを手動で作成する

タップして手動でiCloudバックアップを作成。ただしiCloudの無料版は容量5GBまでなので、写真や動画のバックアップには容量が足りないことが多い。iCloudの容量を増やすか（No221で解説）、フォトライブラリ（右で解説）のバックアップをオフにしておこう。または、iTunesで暗号化バックアップを行えば、パソコンのHDD容量が許す限り完全にバックアップできる

また、「今すぐバックアップを作成」をタップすれば、手動ですぐにiCloudバックアップを作成できる。最後に作成されたバックアップの日時も確認できる。

POINT

バックアップされる主な項目

- アプリのデータ
  ※アプリの履歴や保存したファイルなど
- Apple Watchのバックアップ
- 通話履歴
- デバイスの設定
  ※登録済みのアカウントや通知設定、壁紙など
- HomeKitの構成
- ホーム画面とアプリの配置
  ※アプリは再インストールされ、配置したウィジェットや非表示にしたページも元通りになる
- iMessage、SMS、MMS
- メッセージ
- 写真とビデオ
  ※「設定」の一番上のApple IDを開き、「iCloud」→「ストレージを管理」→「バックアップ」→「このiPhone」で「フォトライブラリ」がオンの場合
- App StoreやiTunes
- Storeの購入履歴
- 着信音
- Visual Voicemailのパスワード
- ヘルスケアデータ

221 | iCloud | iCloudのストレージの容量を管理する

どうしても足りないならiCloud容量を追加購入しよう

iCloudは無料で5GBまで利用できるクラウドストレージだが、iOSデバイスのバックアップをはじめさまざまなデータの保存に利用され、しかも同じApple IDを利用する他のiOSデバイスとも共通の容量なので、保存項目は厳選しないと、すぐに容量が足りなくなる。写真をiCloudに保存していると（No130で解説）、無料の5GBだけではとても運用できないので、機能をオフにするか、不要な写真やビデオを削除してバックアップ容量を減らそう。どうしても容量が足りない時は、素直に有料でiCloudの容量を追加するのがおすすめだ。

1 iCloud写真はオフにする

「設定」→「写真」→「iCloud写真」をオフ

「iCloud写真」は、複数のデバイスの写真や動画をすべてアップロードして、iCloud上で同期する機能なので、無料の5GBではまず足りない。オフにしておこう。

2 フォトライブラリのバックアップもオフ

「設定」でApple IDを開き、「iCloud」→「ストレージを管理」→「バックアップ」の「このiPhone」をタップ、「フォトライブラリ」をオフ。端末内の不要なビデオなどを削除してiCloudの容量に収まるならオンのままでも良いが、「最近削除した項目」アルバムからも消さないと「次回作成時のサイズ」に反映されない。他のサイズが大きいアプリもオフにしてバックアップ対象から外そう

「iCloud写真」がオフでも、iCloudバックアップの「フォトライブラリ」がオンだと、端末内の写真がiCloudに保存されるのでオフに。写真はパソコンに保存しておこう（No223で解説）。

3 iCloudの容量を追加購入する

iCloudの容量が足りない時の、最も簡単な解決方法は、iCloudストレージのアップグレードだ。Apple ID画面で「iCloud」→「ストレージを管理」→「ストレージプランを変更」をタップ。月額130円で容量を50GBまで増やせるほか、200GB／月400円、2TB／月1,300円のプランもある

222

ストレージ

iPhoneの空き容量が足りなくなったときの対処法

「iPhoneストレージ」で簡単に空き容量を確保できる

iPhone の空き容量が少ないなら、「設定」→「一般」→「iPhone ストレージ」を開こう。アプリや写真などの使用割合をカラーバーで視覚的に確認できるほか、空き容量を増やすための方法が提示され、簡単に不要なデータを削除できる。使用頻度の低いアプリを書類とデータを残しつつ削除する「非使用の App を取り除く」、ゴミ箱内の写真を完全に削除する「"最近削除した項目"アルバム」、サイズの大きいビデオを確認して削除できる「自分のビデオを再検討」などを実行すれば、空き容量を効果的に増やすことができる。

1 非使用のアプリを自動的に削除する

タップすると、使っていないアプリは削除されるが、アプリ内の書類とデータは残る。アプリを再インストールするとデータは元に戻る

この画面に表示されない場合は、「設定」→「iTunes Store と App Store」→「非使用の App を取り除く」をオンにする

「設定」→「一般」→「iPhone ストレージ」→「非使用の App を取り除く」の「有効にする」をタップ。iPhone の空き容量が少ない時に、使っていないアプリを書類とデータを残したまま削除する。

2 最近削除した項目を完全削除

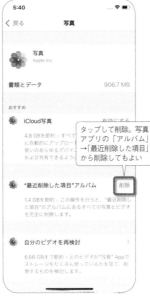

タップして削除。写真アプリの「アルバム」→「最近削除した項目」から削除してもよい

「iPhone ストレージ」画面下部のアプリ一覧から「写真」をタップ。「"最近削除した項目"アルバム」の「削除」で、端末内に残ったままになっている削除済み写真を完全に削除できる。

3 サイズの大きい不要なビデオを削除する

「編集」ボタンで不要な動画にチェックして、右上の「削除」をタップ。なお、動画配信アプリで保存したビデオを削除したい時は、「iPhone ストレージ」画面下部のアプリ一覧からそのアプリをタップしよう。ダウンロード済みのビデオが一覧表示され、左スワイプで削除できる

「iPhone ストレージ」画面上部のアプリ一覧から「写真」をタップ。「自分のビデオを再検討」をタップすると、端末内のビデオがサイズの大きい順に表示されるので、不要なものを消そう。

223

バックアップ

写真や動画をパソコンにバックアップ

iCloud の容量は無料版だと 5GB まで。iPhone で撮影した写真やビデオをすべて保存するのは無理があるので、パソコンがあるなら、iPhone 内の写真やビデオは手動でバックアップしておきたい。写真やビデオのファイルは、

iTunes を使わなくても、ドラッグ＆ドロップで簡単にパソコンへコピーできる。なお、iPhone がロックされたままだと iPhone 内のフォルダにアクセスできないので、ロックを解除しておこう。

iPhone とパソコンを初めて Lightning ケーブルで接続すると、iPhone の画面に「このコンピュータを信頼しますか？」と表示されるので、「信頼」をタップ。iPhone が外付けデバイスとして認識される。

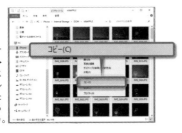

iPhone の画面ロックを解除すると、「Internal Storage」→「DCIM」フォルダにアクセスできる。「100APPLE」フォルダなどに、iPhone で撮影した写真やビデオが保存されているので、パソコンにコピーしよう。

224

マスト！

アプリ

アップデートしたアプリが起動しなくなったら

iPhone の各種アプリは、新機能の追加や安定性の強化、不具合の解消などでアップデート版が公開される。しかし、まれにうまくアップデートされず、起動しなくなるなどのトラブルが発生する。そんな時は、そのアプリを一度削

除して、再度 App Store からインストールしてみよう。たいていの場合、再インストール後は問題なく利用できるはずだ。一度購入した有料アプリも、無料で再インストールできる。

アプリをロングタップして「App を削除」→「App を削除」をタップするか、ホーム画面の余白部分をロングタップしてアプリの「−」→「App を削除」をタップしよう。App Store アプリのアカウント画面から、アップデートが可能なアプリや最近アップデートしたアプリを左にスワイプして「削除」をタップしてもよい

App Store で削除したアプリを検索するか、アカウント画面を開いて「購入済み」から選択。雲の絵柄のボタンをタップして再インストールしよう

アカウント | # Apple IDのID（アドレス）や パスワードを変更する

設定から簡単に変更できる

App Store や iTunes Store、iCloud などで利用する Apple ID の ID（メールアドレス）やパスワードは、「設定」の一番上の Apple ID から変更できる。ID を変更したい場合は、「名前、電話番号、メール」をタップ。続けて「編集」をタップして現在のアドレスを削除後、新しいアドレスを設定する。ただし、Apple ID の末尾が @icloud.com、@me.com、@mac.com の場合は変更できない。パスワードの変更は、「パスワードとセキュリティ」画面で行う。「パスワードの変更」をタップし、本体のパスコードを入力後、新規のパスワードを設定できる。

1 Apple iDの設定画面を開く

「設定」の一番上の Apple ID をタップしよう。続けて登録情報を変更したい項目をタップする。

2 Apple IDのアドレスを変更する

ID のアドレスを変更するには、「名前、電話番号、メール」をタップし、続けて「編集」をタップ。現在のアドレスを削除後、新しいアドレスを設定する。

3 Apple IDのパスワードを変更

「パスワードとセキュリティ」で「パスワードの変更」をタップし、本体のパスコードを入力後、新規のパスワードを設定することができる。

マスト！

Wi-Fi | # Wi-Fiで高速通信を利用するための基礎知識

Wi-Fiルータの対応規格にも注目しよう

iPhone 11 以降の Wi-Fi 機能は、最大 9.6Gbpx の高速通信を行える 11ax という規格に対応している。Wi-Fi ルータ側も 11ax に対応していると、最も高速な通信を行えるが、ひとつ前の規格の 11ac でも 6.9Gbps と十分高速な通信速度を得ることはできる。ただし、もうひとつ前の 11n までにしか対応していないと、最大 600Mbps とかなり速度が落ちるので、Wi-Fi ルータの買い換えを検討したいところだ。また、Wi-Fi 規格以前に、接続元の固定回線の速度に依存する点も注意しよう。なお、Wi-Fi は 5GHz と 2.4GHz の 2 つの帯域で接続できることも理解しておこう。

11ax対応のおすすめWi-Fiルータ

最も高速だが価格も高い

NEC Aterm WX3000HP
実勢価格／11,880円

3階建て（戸建）、4LDK（マンション）までの間取りに向き、36台／12人程度まで快適に接続できる11ax（Wi-Fi 6）対応ルータ。iPhone 12 で高速なWi-Fi通信を行いたいなら、11ax対応のWi-Fiルータとの組み合わせがベストなパフォーマンスを発揮する。価格は1万数千円からとやや高め。

11ac対応のおすすめWi-Fiルータ

十分高速でお手頃価格

バッファロー WSR-1166DHP4
実勢価格／5,870円

2階建て（戸建）、3LDK（マンション）までの間取りに向き、12台／4人程度まで快適に接続できる11ac（Wi-Fi 5）対応ルータ。11acは最大6.9Gbpxと十分高速に通信できる1つ前のWi-Fi規格で、対応ルータも今の所11ax対応ルータと比べて半額程度の製品が主流。価格を抑えるなら11ac対応ルータの購入がおすすめだ。

5GHzと2.4GHzどちらに接続する？

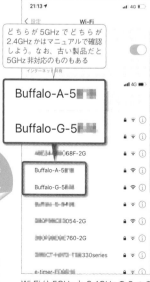

どちらが 5GHz でどちらが 2.4GHz かはマニュアルで確認しよう。なお、古い製品だと 5GHz 非対応のものもある

Buffalo-A-5

Buffalo-G-5

Wi-Fi は 5GHz と 2.4GHz の 2 つの帯域で接続できるので、このように 2 つのアクセスポイントが表示される。基本は安定してより高速な通信を行える 5GHz に接続すればよい。遮蔽物が多い環境では 2.4GHz がよい場合もある。

トラブル解決とメンテナンス

227 電波が圏外からなかなか復帰しない時は

通信

地下などの圏外から通信可能な場所に戻ったのに、なかなか電波がつながらない時は、「機内モード」を使った電波復帰テクニックを試そう。まずコントロールセンターを開き、機内モードボタンをタップしてオンに、すぐにもう一度タップしてオフにする。このように機内モードを有効→無効に切り替えることで、すぐに接続可能な電波をキャッチしに行くので、通信可能な場所で実行すれば電波が回復するはずだ。

オンにしてすぐにオフにする

機内モードを再度オフにすると、電波をキャッチし通信が可能になる

228 誤って「信頼しない」をタップした時の対処法

セキュリティ

iPhone をパソコンなど他のデバイスに初めて接続すると、「このコンピュータを信頼しますか?」と警告表示され、「信頼」をタップすることで iPhone へのアクセスを許可する。この時、誤って「信頼しない」をタップしてしまった場合は、iPhone の「設定」→「一般」→「リセット」→「位置情報とプライバシーをリセット」をタップしよう。これで、「信頼しますか?」の警告画面が再表示されるようになる。

「設定」→「一般」→「リセット」→「位置情報とプライバシーをリセット」をタップし、続いて表示される「設定をリセット」をタップ

パソコンなどとケーブルで接続すると、「このコンピュータを信頼しますか?」の警告が再表示されるようになるので、「信頼」をタップしよう

229 写真アプリのメモリーやピープルを非表示にする

写真

写真アプリには、撮影地や人物ごとに写真を自動でアルバムにまとめる「メモリー」や、よく写っている顔を検出してアルバムにまとめる「ピープル」機能が搭載されている。これらの機能自体を停止することはできないが、「メモリー」や「ピープル」のアルバムを削除して非表示にすることは可能だ。ただしこれは一時的なもので、写真やビデオを新たに撮影すると、電源接続時にまた「メモリー」や「ピープル」が自動作成される。

「For You」で削除したいメモリーを選択し、右上のオプションボタン（…）をタップ。「メモリーを削除」→「メモリーを削除」で削除できる。なお「これと似たメモリーのおすすめを減らす」をタップすると、これに似たメモリーが「For You」タブに表示されにくくなる

「アルバム」→「ピープル」で削除したいピープルを選択し、右上のオプションボタン（…）をタップ。「○○さん（この人）をピープルから削除」→「"ピープル"アルバムから削除」で削除できる。なお「○○さん（この人）に関するおすすめを減らす」をタップすると、この人物が「For You」タブに表示されにくくなる

230 Apple ID の90日間制限を理解する

Apple ID

iPhone で Apple Music を使ったり、iTunes Store や App Store で購入済みアイテムをダウンロードしたり、自動ダウンロードを有効にしたりすると、この iPhone と Apple ID は関連付けられる。以後90日間は、他のApple ID に切り替えても購入済みアイテムをダウンロードできなくなる場合があるので注意しよう。別の Apple ID で購入したアイテムを iPhone にダウンロードするには、90日間待って関連付けし直す必要がある。

Apple Music などを利用すると、この iPhone に購入済みアイテムをダウンロードできる Apple ID は、基本的に iTunes／App Store にサインイン中のものだけになる。複数の Apple ID を使い分けている人は気をつけよう

他の Apple ID でサインインし直して購入済みのアイテムをダウンロードしようとすると、「すでに Apple ID に関連付けられている」と警告が表示される

SECTION 8

231

メッセージ

iMessageで電話番号を知られないようにする

発信元アドレスを電話番号からメールに変更しよう

メッセージアプリでiMessageのメールアドレス宛てにメッセージを送信した際、標準の設定のままだと、受け取った相手のメッセージアプリに自分の電話番号が表示されてしまう。これは、iMessageの発信元アドレスが電話番号に設定されているためだ。相手に電話番号を教えたくない場合は、発信元アドレスをメールアドレスに変更しておこう。発信元アドレスとしては、標準だとApple IDのメールアドレスを設定できるほか、Apple IDに関連付けた他のメールアドレスを追加して設定することもできる。

1 発信元アドレスを変更する

「設定」→「メッセージ」→「送受信」をタップし、「新規チャットの発信元」を電話番号ではなくメールアドレスにする。標準ではApple IDのアドレスを選択できる。

2 送受信用のアドレスを追加

電話番号とApple ID以外の送受信アドレスは、「設定」上部のApple IDをタップして開き、「名前、電話番号、メール」→「編集」をタップして追加できる。

3 Android宛てのSMSの場合

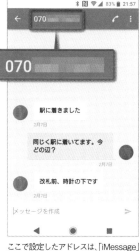

ここで設定したアドレスは、「iMessage」の宛先情報になるだけ。例えばAndroidスマートフォン宛てにメッセージアプリで連絡する際は、電話番号でやり取りするSMSで送信することになるので、相手に電話番号は知られてしまう。また、iOSデバイス以外の端末から設定した発信元アドレス宛てにメッセージが送られてきた場合は、メールアプリで受信することになる。

232

Apple ID

支払い情報なしでApple Storeを利用する

Apple IDのお支払い方法を「なし」に変更

Apple IDの支払い情報は、「設定」の一番上のApple IDを開き、「支払いと配送先」→「お支払い方法」でいつでも変更できる。iTunes StoreやApp Storeの利用には、基本的にクレジットカードの登録かキャリア決済の設定が必要になるが、有料アイテムを購入しない場合や、ギフトカードのみで支払いたい時は、支払い情報を削除することも可能だ。ただし、ファミリー共有を設定中のほか、未払い残高や契約中のサブスクリプションがある場合、国または地域を変更した場合などは、削除できないので注意しよう。

1 「お支払い方法」欄をタップする

「設定」一番上のApple IDを開き、「支払いと配送先」をタップ。「お支払い方法」に登録済みのクレジットカードなどが表示されているので、右上の「編集」タップする。

2 登録済みの支払い情報を削除する

支払い方法の「ー」ボタンをタップするか左にスワイプして、表示された「削除」をタップすると、この支払い方法を削除できる。

3 支払い情報なしで利用できる

登録済みの支払い情報をすべて削除すると、このような画面になる。この状態でも、無料アプリのインストールなどは問題なく行える。

233 メッセージ メッセージアプリでスレッドが分かれた時の対処法

まずは宛先が違っていないか確認しよう

同じ相手とメッセージをやり取りしているのに、スレッドが分かれて表示される場合は、宛先が異なっている可能性が高い。メッセージアプリでは、電話番号でやり取りするSMS以外に、送受信用のメールアドレスを複数選択できるiMessageや、au／ソフトバンクならMMS用のキャリアメールでも送受信できるので、まずは宛先を確認しよう。宛先が同じなのにスレッドが違う場合は、何かのタイミングで別の連絡先として認識されてしまっているので、新しいメッセージが届く方のスレッドでやり取りを続けよう。

1 宛先が違うとスレッドも分かれる

メッセージアプリで、同じ相手なのにスレッドが分かれて表示される場合は、宛先が異なっている。送信する宛先を、電話番号かメールアドレスどちらかに統一しよう。

2 メッセージの宛先を確認するには

メッセージ上部のユーザー名をタップし「i」をタップ、続けて「情報」をタップ。「最近使った項目」で表示されている電話番号やメールアドレスが、このスレッドのアドレスだ。

3 同じアドレスなのにスレッドが分かれる場合

宛先が同じなのにスレッドが分かれる場合は、新着メッセージが届く方のスレッドでやり取りを続ける。古いスレッドは履歴が消えていいなら削除した方がスッキリする。

---

234 定期購読 気付かないで払っている定期購読をチェック

アプリやサービスによっては、買い切りではなく、月単位などで定額料金の支払いが発生する。このような支払形態を、「サブスクリプション」（定期購読）と言う。必要な時だけ利用できる点が便利だが、うっかり解約を忘れると、使っていない時にも料金が発生するし、中には無料を装って月額課金に誘導する悪質なアプリもある。いつの間にか不要なサービスに課金し続けていないか、確認方法を知っておこう。

「設定」の一番上のApple IDをタップし、「サブスクリプション」をタップ

現在利用中や有効期間が終了したサブスクリプションのサービスを確認できる。この画面から、サービスのキャンセルも行える

---

235 充電 ワイヤレス充電器で快適に充電する

充電器に端末を乗せるだけで充電できるワイヤレス充電は便利だが、置き場所がずれると、充電が遅くなるなどの問題があった。そこでiPhone 12シリーズでは、背面に磁石を内蔵し、同じく磁石が内蔵されたワイヤレス充電器とピタッと吸着して、充電位置がズレないようになっている。この機能は「MagSafe」と名付けられており、iPhone 12シリーズとMagSafe対応充電器の組み合わせなら、従来より高速な最大15Wでの充電も可能だ。

Apple MagSafe充電器
4,500円（税別）

Apple純正のMagSafe充電器。iPhone 12シリーズとの組み合わせなら正常な充電位置に磁石で吸着でき、最大15Wでの高速充電が可能だ。Qi規格のワイヤレス充電と互換性があるので、Qiに対応したiPhone 8〜11の旧機種でも、磁石でしっかり吸着はしないがワイヤレス充電は可能。ただしQiワイヤレス充電の場合は最大7.5Wになる。

236 どこでも充電できるモバイルバッテリーを用意しよう

バッテリー

省エネ設定などで電池をもたせる工夫はできるが、それでも電池切れはスマートフォンの最大の敵。いざという時のために、iPhoneとケーブル接続して充電できるモバイルバッテリーを持ち歩こう。だいたい10,000mAh程度の容量があれば、iPhoneを2〜3回は充電できる。なお、急速充電を行うには、USB PDに対応した製品と、USB-C - Lightningケーブルが必要（iPhone 12シリーズには標準で付属）になる。

Anker PowerCore 10000 PD Redux
実勢価格／4,299円
サイズ／約106x52x25mm
重量／約192g

容量10000mAhの、USB PD対応モバイルバッテリー。出力はUSB-Aと、USB PD対応のUSB-Cポートを備える。iPhoneを急速充電するなら、USB-Cポートで接続しよう。

237 誤って登録された予測変換を削除する

文字入力

iPhoneの日本語入力システムは、よく変換する文字列を学習し、最初の一文字を入力するだけで、その文字列を予測変換候補の上位に優先的に表示する。入力補助としては便利な機能なのだが、普段使わない語句やタイプミス、表示されると恥ずかしい用語が学習されてしまうことも。そんな不要な予測変換候補を消してしまいたい場合は、「設定」→「一般」→「リセット」→「キーボードの変換学習をリセット」をタップしよう。画面下部に表示される「変換学習をリセット」ボタンをタップすれば、キーボード辞書が初期化され、学習した予測変換候補が表示されなくなる。ただし、学習した内容を個別に削除することはできず、すべての内容がまとめて削除されるので注意しよう。

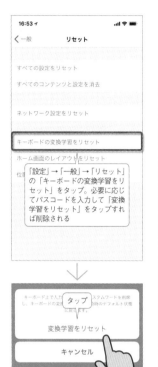

「設定」→「一般」→「リセット」の「キーボードの変換学習をリセット」をタップ。必要に応じてパスコードを入力して「変換学習をリセット」をタップすれば削除される

238 使用したデータ通信量を正確に確認する

通信量

各キャリアのアプリを使えば正確に分かる

使った通信量によって段階的に料金が変わる段階制プランだと、少し通信量をオーバーしただけでも次の段階の料金に跳ね上がる。また定額制プランでも段階制プランでも、決められた上限を超えて通信量を使い過ぎると、通信速度が大幅に制限されてしまう。このような、無駄な料金アップや速度制限を避けるためには、現在のモバイルデータ通信量をこまめにチェックするのが大切だ。各キャリアの公式アプリを使えば、現在までの正確な通信量を確認できるほか、料金アップや速度低下までの残りデータ量、過去の履歴なども確認できる。

My docomo
作者／株式会社NTTドコモ
価格／無料

docomo版は「My docomo」アプリをインストールし、dアカウントでログイン。データ量画面で、当月／先月分の合計や、過去の利用データ通信量を確認できる。

My au
作者／KDDI CORPORATION
価格／無料

au版は「My au」アプリをインストールし、au IDでログイン。ホーム画面から、今月のデータ残量やデータの利用履歴などを確認することができる。

My SoftBank
作者／SoftBank Corp.
価格／無料

SoftBank版は「My SoftBank」アプリをインストールし、SoftBank IDでログイン。ホーム画面から、今月のデータ残量をグラフで確認できる。

239

サポート | Appleサポートアプリで各種トラブルを解決

初心者必携の公式トラブル解決アプリを利用しよう

Apple公式のサポートアプリを使えば、iPhoneやApple製品に関する、さまざまなトラブルの解決方法を確認できる。また、電話によるサポートや、持ち込み修理を予約することも可能だ。端末の残り保証期間なども確認できるので、特に初心者ユーザーにはインストールをおすすめしたい。利用するにはApple IDでのサインインが必要となる。

App

Apple サポート
作者／Apple
価格／無料

1 サポートが必要な端末とトラブル内容を選択

サポートが必要な端末を選択し、カテゴリからトラブルの内容を選択。キーワードで検索することも可能だ

アプリを起動しApple IDのサインインを確認したら、マイデバイス一覧からサポートが必要な端末を選択。続いてトラブルの内容を選択していこう。

2 トラブルの解決方法を選択する

まずは記事を確認してトラブルの解決方法をチェックしよう。解決しなかった場合は、近くの店舗に持ち込み修理を予約したり、チャットや電話で問い合わせできる。

3 端末の保証状況を確認する

すべてのiPhoneには、購入後1年間のハードウェア保証と90日間の無償電話サポートが付いている。マイデバイス一覧から端末を選択し、「デバイスの詳細」をタップすると、そのデバイスの残り保証期間を確認することが可能だ

240

アップデート | iOSの自動アップデートを設定する

iPhoneの基本ソフト「iOS」は、アップデートによってさまざまな新機能が追加されるので、なるべく早めに更新しておきたい。設定で「自動アップデート」をオンにしておけば、電源／Wi-Fi接続中の夜間に、自動でダウンロードおよびインストールを済ませてくれて便利だ。ただ、最新アップデートの不具合を確認してから更新したい慎重派もいるだろう。その場合は、設定をオフにし、自分のタイミングで手動アップデートすればよい。

「設定」→「一般」→「ソフトウェア・アップデート」→「自動アップデート」をタップする

新しいiOSが配信された際は、「iOSアップデートをダウンロード」をオンにしておけばWi-Fi接続中に自動ダウンロードする。また「iOSアップデートをインストール」をオンにしておけば、電源とWi-Fi接続中の夜間に、ダウンロードしたデータを自動でインストールする。自分のタイミングで手動アップデートしたい人はオフにしておこう

241

充電 | LightningケーブルはApple認証製品を使おう

iPhone／iPadユーザーであれば一度は経験したことがあると思うが、純正のLightningケーブルは、とにかく耐久性が低い。ケーブルの抜き差しを繰り返しているうちに、コネクタ根本の皮膜が破れてきて、そのうち断線してしまう。そこで、もっと頑丈なLightningに買い換えよう。高耐久性がウリのケーブルはいくつかあるが、Appleに互換性を保証されたApple MFi認証済みケーブルを選ぶことをおすすめしたい。

Anker PowerLine Ⅲ USB-C & ライトニングケーブル（1.8m）
メーカー／Anker
実勢価格／1,890円

Apple MFi認証済みのUSB-C - Lightningケーブル。25,000回以上の折り曲げにも耐える。USB PD対応のUSB-C充電器と組み合わせて使うと、iPhone 12シリーズを高速充電できる。

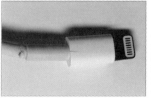

Apple純正のLightningケーブルは皮膜が弱く、特にコネクタ根本部分が破損しやすい。保証期間内であれば無償交換できることも覚えておこう。

SECTION 8

パスコードを忘れて誤入力した時の対処法

iPhoneを初期化してパスコードなしの状態で復元しよう

iPhoneのロック画面で、Face IDの認証を失敗すると、パスコード入力を求められる。このパスコードも忘れてしまうとiPhoneにはアクセスできない。11回連続で間違えると入力を試すこともできず、iTunesに接続して初期化を求められる。

このような状態でも、「iCloudバックアップ」（No220で解説）さえ有効なら、そこまで深刻な状況にはならない。「探す」アプリやiCloud.comでiPhoneのデータを消去（No218で解説）したのち、初期設定中にiCloudバックアップから復元すればいいだけだ。ただし、iCloudバックアップが自動作成されるのは、電源とWi-Fiに接続中の場合のみ。最新のバックアップが作成されているか不明なら、電源とWi-Fiに接続された状態で一晩置いたほうが安心だ。一度同期したiTunesがあればもっと確実だ。iTunesに接続すれば、ロックを解除しなくても「今すぐバックアップ」で最新バックアップを作成できるので、そのバックアップから復元すればよい。ただし、「探す」機能がオンだと復元を実行できないので、「探す」アプリなどで一度iPhoneを消去する手順は必要となる。これらの手順で初期化できない場合でも、リカバリーモードで強制的にiPhoneを初期化し、iCloudバックアップから復元することが可能だ。ただしこの操作にはパソコンのiTunesが必要となる点と、機種によってリカバリモードへの入り方が異なる点に注意しよう。

▶ パスコードを初期化する手順

1 パスコードを間違え続けるとロックされる

パスコードを6回連続で間違えると1分間使用不能になり、7回で5分間、8回で15分間と待機時間が増えていく。11回失敗すると完全にロックされ、iTunesに接続して初期化を求められる。

2 「探す」アプリなどでiPhoneを初期化

他にiPhoneやiPad、Macを持っているなら、「探す」アプリで完全にロックされたiPhoneを選択し、「このデバイスを消去」→「続ける」でiPhoneを初期化しよう。または、パソコンのブラウザでiCloud.comにアクセスし、「iPhoneを探す」画面から初期化することもできる。

3 iCloudバックアップから復元する

初期設定中の「Appとデータ」画面で「iCloudバックアップから復元」をタップして復元しよう。前回iCloudバックアップが作成された時点に復元しつつ、パスコードもリセットできる。

iCloudバックアップのデータが最新のものか不安な時は、端末を消去する前に、電源とWi-Fiに接続した状態で一晩置いておこう。iCloudバックアップの自動作成タイミングは分からないので確実ではないが、最新のバックアップが作成される可能性がある

4 同期済みのiTunesがある場合は

一度iPhoneと同期したiTunesがあるなら、iPhoneのロックがかかった状態でもiTunesと接続でき、「今すぐバックアップ」で最新のバックアップを作成することが可能だ。念の為、「このコンピュータ」と「ローカルバックアップを暗号化」にチェックして、各種IDやパスワードも含めた暗号化バックアップを作成しておこう。続けて手順2の通り、「探す」アプリやiCloud.comの「iPhoneを探す」で、iPhoneを初期化する。

5 iTunesバックアップから復元する

iPhoneを消去したら、初期設定を進めていき、途中の「Appとデータ」画面で「MacまたはPCから復元」をタップ。iTunesに接続して「このバックアップから復元」にチェックし、先ほど作成しておいたバックアップを選択。あとは「続ける」で復元すれば、パスコードが削除された状態でiPhoneが復元される。

6 「iPhoneを探す」がオフならリカバリーモード

iTunesと同期したことがなく、「探す」機能でもiPhoneを初期化できない場合は、「リカバリーモード」（No243で解説）で端末を強制的に初期化しよう。その後iCloudバックアップから復元すればよい。ただし、この操作はパソコンのiTunesが必要になるほか、機種によって操作が異なるので注意しよう。

トラブルが解決できない時の iPhone初期化方法

バックアップさえあれば初期化後にすぐ元に戻せる

No217で紹介しているトラブル対処をひと通り試しても動作の改善が見られないなら、「すべてのコンテンツと設定を消去」を実行して、端末を初期化してしまうのがもっとも簡単&確実なトラブル解決方法だ。

ただ初期化前には、バックアップを必ず取っておきたい。基本はiCloudバックアップさえ有効にしておけば、iPhoneが電源に接続されておりロック中かつWi-Fiに接続されている時に、自動的にバックアップを作成してくれるので、突然動かなくなった場合にも慌てる必要はない。ただしiCloudを無料で利用できる容量は5GBまでなので、バックアップサイズが大きすぎる場合は、すべてのファイルをバックアップできない。また一部アプリは初期化され、履歴やパスワードも復元できない。iTunesで「今すぐバックアップ」を実行すれば（「ローカルバックアップを暗号化」でバックアップするのがベスト）、パソコンのストレージ容量が許す限り完全なバックアップを作成できるので、初期化前に実行し、iTunesから復元することをおすすめする。

なお、iPhoneがiTunesでも認識されないような深刻なトラブルであれば、最終手段として「リカバリモード」を試そう。リカバリモードを実行すると、完全に工場出荷時の状態に初期化されたのち、iTunesからデータを復元することになる。それでもダメなら、他の端末でAppleサポートアプリ（No239で解説）を使うか、Webブラウザで https://getsupport.apple.com/ にアクセスして、アップルストアなどへの持ち込み修理を予約しよう。

▶ iPhoneを初期化してiCloudバックアップで復元

1 「すべてのコンテンツと設定を消去」をタップ

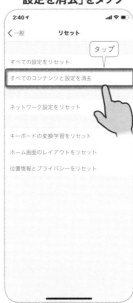

端末の調子が悪い時は、一度初期化してしまおう。まず、「設定」→「一般」→「リセット」を開き、「すべてのコンテンツと設定を消去」をタップする。

2 iCloudバックアップを作成して消去

消去前にiCloudバックアップを勧められるので、「バックアップしてから消去」をタップ。これで、最新のiCloudバックアップを作成した上で端末を初期化できる。

3 iCloudバックアップから復元する

初期化した端末の初期設定を進め、「Appとデータ」画面で「iCloudバックアップから復元」をタップ。最後に作成したiCloudバックアップデータを選択して復元しよう。

▶ iTunesバックアップからの復元とリカバリモード

1 iTunesバックアップを作成する

端末内に保存された写真やビデオ、音楽ファイルなども含めて復元したい場合は、iCloudバックアップだと容量が足りないので（有料で容量を増やすことはできる）、iTunesバックアップをおすすめする。また暗号化しておけば、各種IDやパスワードも復元可能になる。iPhoneをiTunesを接続して、「このコンピュータ」と「ローカルバックアップを暗号化」にチェックし、パスワードを設定しよう。iTunesで暗号化バックアップ作成が開始される。

2 iTunesバックアップから復元する

iPhoneを消去したら初期設定を進めていき、途中の「Appとデータ」画面で「MacまたはPCから復元」をタップ。iTunesに接続し作成したバックアップから復元する。

3 最終手段はリカバリモードで初期化

iCloudでもiTunesでも初期化できない時は、リカバリモードを使おう。iTunesが起動中ならいったん閉じる。続けてiPhoneをLightningケーブルでパソコンと接続してiTunesを起動。パソコンと接続した状態のまま、音量を上げるボタンを押してすぐ離し、音量を下げるボタンを押してすぐ離し、最後にリカバリモードの画面が表示されるまでスリープ（電源）ボタンを押し続ける。iTunesでリカバリモードのiPhoneが検出されたら、まず「アップデート」をクリックして、iOSの再インストールを試そう。それでもダメなら「復元」をクリックし、工場出荷時の設定に復元する

掲載アプリINDEX

気になるアプリ名から記事掲載ページを検索しよう。

iPhone
12 Pro/12 Pro Max/12/12 mini
便利すぎる！
テクニック

S T A F F

Editor　清水義博（standards）

Writer　狩野文孝
　　　　　西川希典

Designer　高橋コウイチ（wf）

DTP　越智健夫

２０２０年１１月１５日 発 行

編集人　清水義博

発行人　佐藤孔建

発行・　スタンダーズ株式会社
発売所　〒160-0008
　　　　　東京都新宿区四谷三栄町
　　　　　12-4 竹田ビル3F
　　　　　TEL 03-6380-6132

印刷所　中央精版印刷株式会社

ご注文FAX番号 03-6380-6136